#교과서×사고력
#게임하듯공부해
#스티커게임?리얼공부!

Go! 매쓰
초등 수학

저자 김보미

- 네이버 대표카페 '성공하는 공부방 운영하기' 운영자
- '미래엔', '메가스터디', '천재교육' 교재 기획 및 집필
- 전국 1,000개 이상의 공부방/선생님 컨설팅 및 교육
- 현재 《GO! 매쓰》 수학 공부방 운영

Chunjae Makes Chunjae

▼

기획총괄	김안나
편집개발	이근우, 서진호, 한인숙, 최수정, 김혜민
디자인총괄	김희정
표지디자인	윤순미
내지디자인	박희춘, 이혜미
제작	황성진, 조규영

발행일	2021년 1월 15일 2판 2024년 12월 15일 3쇄
발행인	(주)천재교육
주소	서울시 금천구 가산로9길 54
신고번호	제2001-000018호
고객센터	1577-0902
교재 구입 문의	1522-5566

GO! 매쓰

Run-C

수학 4-1

구성과 특징

1주차 교과 집중 학습

1 교과서 개념 완성

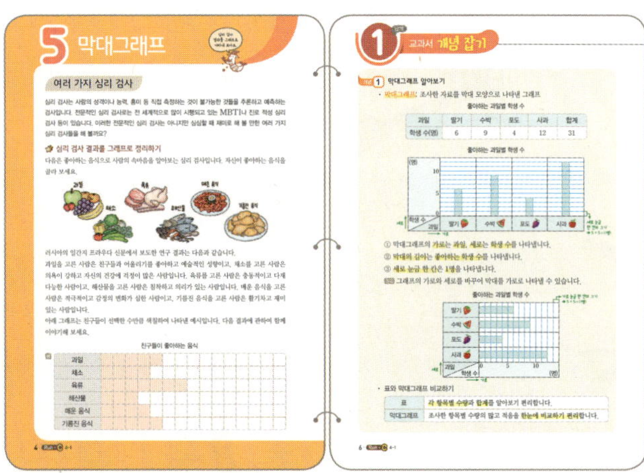

재미있는 수학 이야기로 단원에 대한 흥미를 높이고, 교과서 개념과 기본 문제를 학습합니다.

2 교과서 개념 PLAY

게임으로 개념을 학습하면서 집중력을 높여 쉽게 개념을 익히고 기본을 탄탄하게 만듭니다.

3 문제 풀이로 실력 & 자신감 UP!

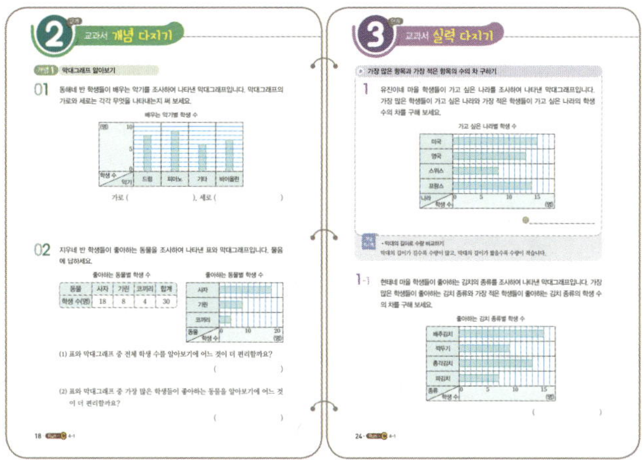

한 단계 더 나아간 교과서와 익힘 문제로 개념을 완성하고, 다양한 문제 유형으로 응용력을 키웁니다.

4 서술형 문제 풀이

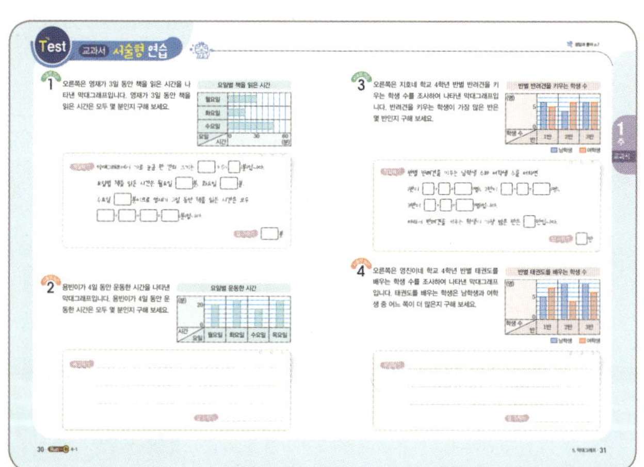

시험에 잘 나오는 서술형 문제 중심으로 단계별로 풀이하는 연습을 하여 서술하는 힘을 높여 줍니다.

2 주차 사고력 확장 학습

① 사고력 PLAY

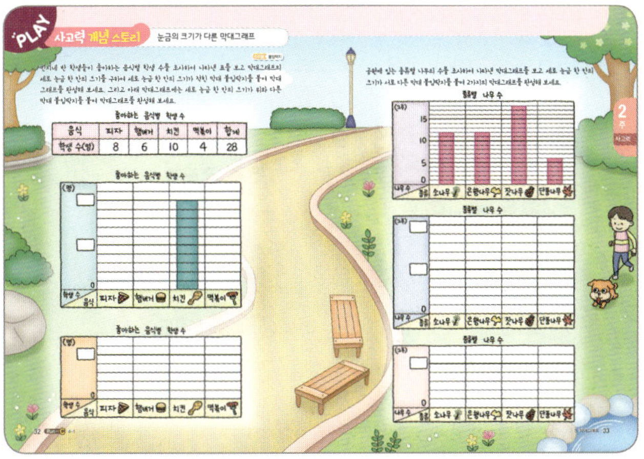

교과 심화 문제와 사고력 문제를 게임으로 쉽게 접근하여 어려운 문제에 대한 거부감을 낮추고 집중력을 높입니다.

② 교과 사고력 잡기

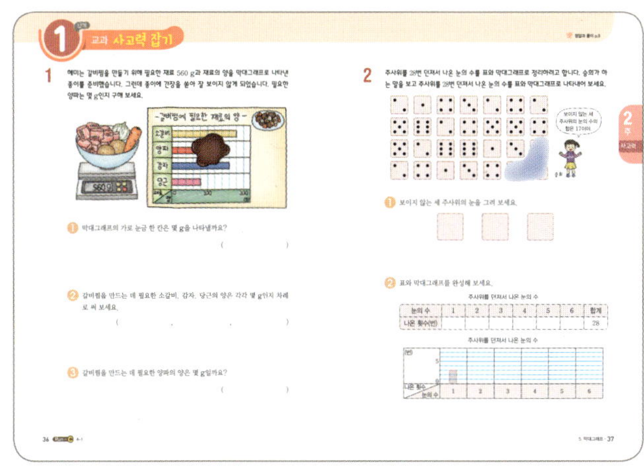

문제에 필요한 요소를 찾아 단계별로 해결하면서 문제 해결력을 키울 수 있는 힘을 기릅니다.

③ 교과 사고력 확장 + 완성

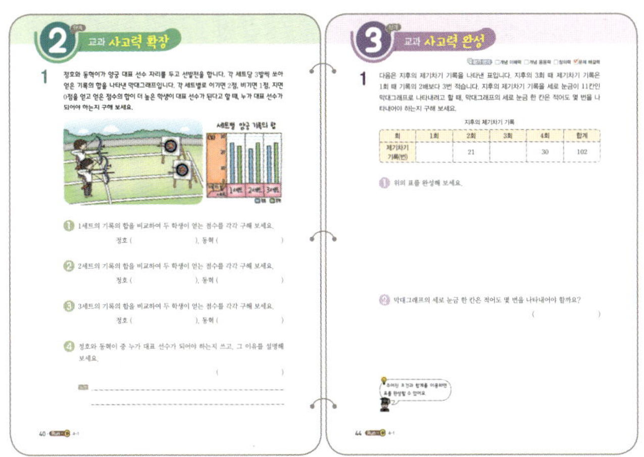

틀에서 벗어난 생각을 하여 문제를 해결하는 창의적 사고력을 기를 수 있는 힘을 기릅니다.

④ 종합평가 / 특강

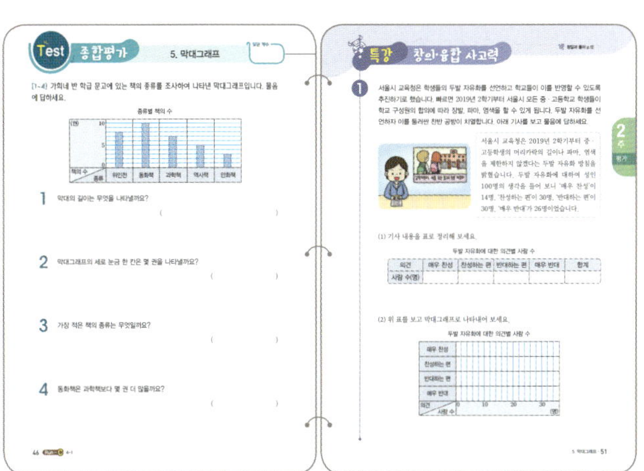

교과 학습과 사고력 학습을 얼마나 잘 이해하였는지 평가하여 배운 내용을 정리합니다.

5 막대그래프

여러 가지 심리 검사

심리 검사는 사람의 성격이나 능력, 흥미 등 직접 측정하는 것이 불가능한 것들을 추론하고 예측하는 검사입니다. 전문적인 심리 검사로는 전 세계적으로 많이 시행되고 있는 MBTI나 진로 적성 심리 검사 등이 있습니다. 이러한 전문적인 심리 검사는 아니지만 심심할 때 재미로 해 볼 만한 여러 가지 심리 검사들을 해 볼까요?

☆ 심리 검사 결과를 그래프로 정리하기

다음은 좋아하는 음식으로 사람의 속마음을 알아보는 심리 검사입니다. 자신이 좋아하는 음식을 골라 보세요.

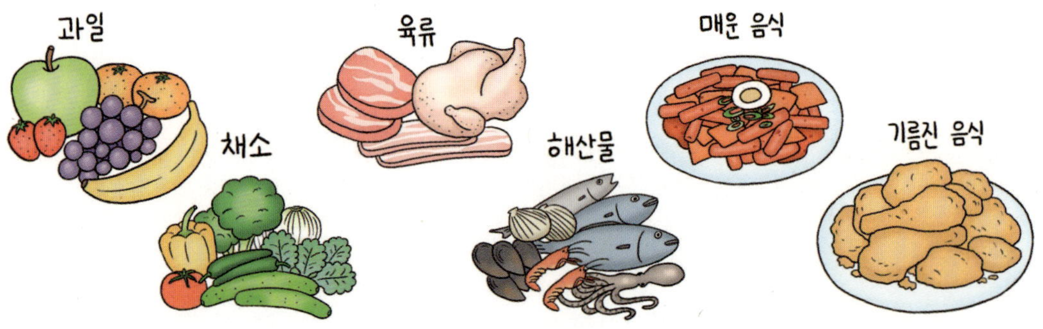

러시아의 일간지 프라우다 신문에서 보도한 연구 결과는 다음과 같습니다.

과일을 고른 사람은 친구들과 어울리기를 좋아하고 예술적인 성향이고, 채소를 고른 사람은 의욕이 강하고 자신의 건강에 걱정이 많은 사람입니다. 육류를 고른 사람은 충동적이고 다재다능한 사람이고, 해산물을 고른 사람은 침착하고 의리가 있는 사람입니다. 매운 음식을 고른 사람은 적극적이고 감정의 변화가 심한 사람이고, 기름진 음식을 고른 사람은 활기차고 재미있는 사람입니다.

아래 그래프는 친구들이 선택한 수만큼 색칠하여 나타낸 예시입니다. 다음 결과에 관하여 함께 이야기해 보세요.

친구들이 좋아하는 음식

예

음식												
과일	■	■	■	■	■							
채소	■	■	■	■								
육류	■	■	■	■	■	■						
해산물	■	■	■									
매운 음식	■	■	■	■								
기름진 음식	■	■	■	■								

다음은 좋아하는 색깔로 사람의 성격을 알아보는 심리 검사입니다. 자신이 좋아하는
색깔을 <u>쓰고</u> 아래 그래프에 친구들이 선택한 수만큼 색칠해 보세요.

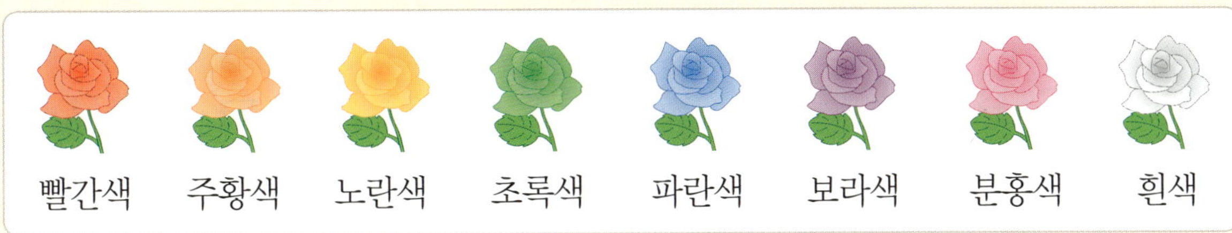

자신이 좋아하는 색깔 (   )

친구들이 좋아하는 색깔

빨간색												
주황색												
노란색												
초록색												
파란색												
보라색												
분홍색												
흰색												

위 그래프를 보고 가장 많은 친구들이 좋아하는 색깔은 무엇인지 써 보세요.

(   )

개념 1 막대그래프 알아보기

• **막대그래프**: 조사한 자료를 막대 모양으로 나타낸 그래프

좋아하는 과일별 학생 수

과일	딸기	수박	포도	사과	합계
학생 수(명)	6	9	4	12	31

① 막대그래프의 가로는 과일, 세로는 학생 수를 나타냅니다.

② 막대의 길이는 좋아하는 학생 수를 나타냅니다.

③ 세로 눈금 한 칸은 1명을 나타냅니다.

참고 그래프의 가로와 세로를 바꾸어 막대를 가로로 나타낼 수 있습니다.

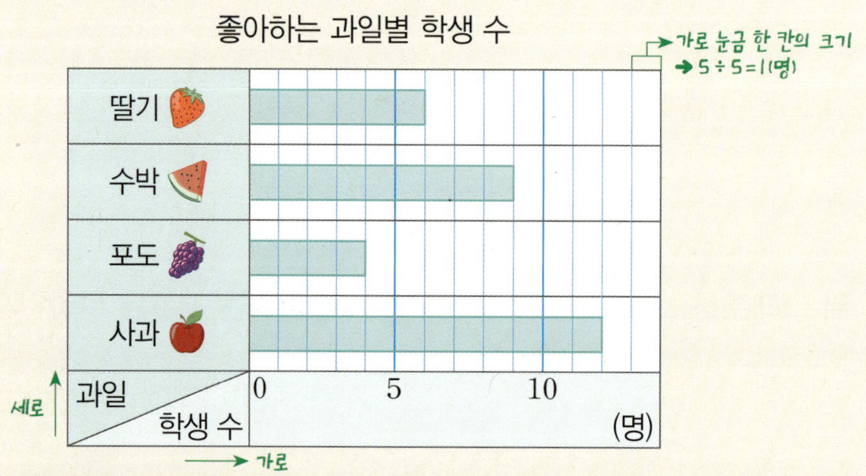

• 표와 막대그래프 비교하기

표	각 항목별 수량과 합계를 알아보기 편리합니다.
막대그래프	조사한 항목별 수량의 많고 적음을 한눈에 비교하기 편리합니다.

개념 확인 문제

1-1 ☐ 안에 알맞은 말을 써넣으세요.

> 조사한 자료를 막대 모양으로 나타낸 그래프를 [   ]라고
> 합니다.

1-2 혜미네 반 학생들이 좋아하는 운동을 조사하여 나타낸 표와 막대그래프입니다. 물음에 답하세요.

좋아하는 운동별 학생 수

운동	축구	피구	농구	야구	합계
학생 수(명)	10	6	8	3	27

좋아하는 운동별 학생 수

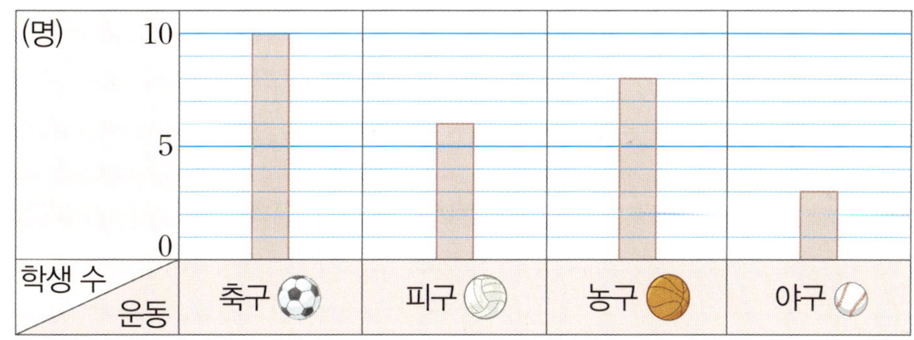

(1) 막대그래프의 가로와 세로는 각각 무엇을 나타낼까요?

가로 (   ), 세로 (   )

(2) 막대의 길이는 무엇을 나타낼까요?

(   )

(3) 막대그래프의 세로 눈금 한 칸은 몇 명을 나타낼까요?

(   )

(4) 표와 막대그래프 중 항목별 수량의 많고 적음을 한눈에 비교하기에 어느 것이 더 편리할까요?

(   )

개념 2 막대그래프의 내용 알아보기

★ 막대그래프를 보고 내용 알아보기

① 막대그래프의 가로는 종류, 세로는 쓰레기 양을 나타냅니다.

② 막대의 길이는 종류별 버려진 쓰레기 양을 나타냅니다.

③ 세로 눈금 5칸이 10 kg을 나타내므로 세로 눈금 한 칸은 2 kg을 나타냅니다. ↙ 10÷5=2 (kg)

④ 음식물 쓰레기 양은 막대 3칸이므로 6 kg입니다.　↖ 2×3=6 (kg)

⑤ 가장 많이 버려진 쓰레기는 막대의 길이가 가장 긴 종이입니다.

⑥ 가장 적게 버려진 쓰레기는 막대의 길이가 가장 짧은 음식물입니다.

• 세로 눈금 한 칸의 크기가 다른 막대그래프로 나타내기

위 막대그래프를 세로 눈금 한 칸의 크기가 1 kg인 막대그래프로 나타내면 다음과 같습니다.

종류별 버려진 쓰레기 양

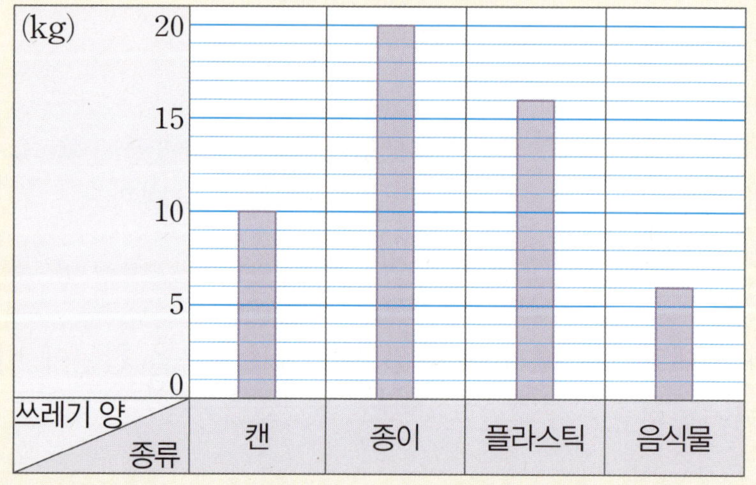

2-1

민호네 반 학생들이 좋아하는 과목을 조사하여 나타낸 막대그래프입니다. 물음에 답하세요.

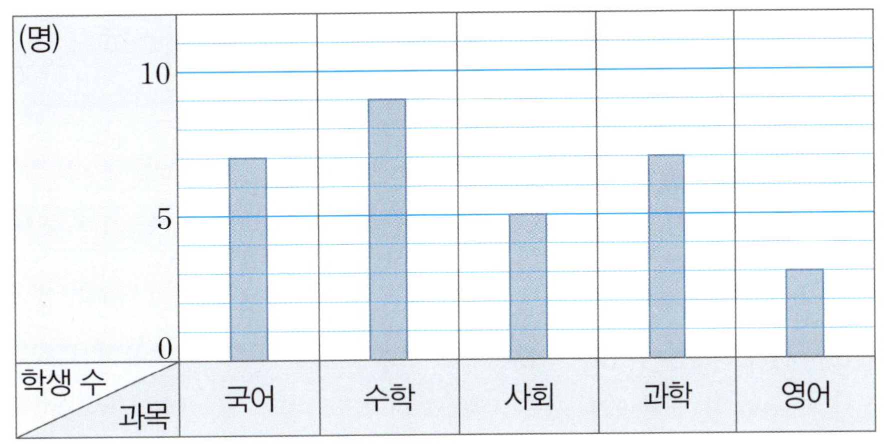

(1) 가로와 세로는 각각 무엇을 나타낼까요?

가로 (   ), 세로 (   )

(2) 가장 많은 학생들이 좋아하는 과목은 무엇일까요?

(   )

(3) 가장 적은 학생들이 좋아하는 과목은 무엇일까요?

(   )

(4) 좋아하는 학생 수가 국어와 같은 과목은 무엇일까요?

(   )

(5) 과학을 좋아하는 학생은 사회를 좋아하는 학생보다 몇 명 더 많을까요?

(   )

(6) 조사한 학생은 모두 몇 명일까요?

(   )

개념 **3** 막대그래프 그리기

좋아하는 색깔별 학생 수

색깔	빨강	파랑	노랑	초록	합계
학생 수(명)	8	7	4	6	25

막대그래프 그리는 방법

① 가로와 세로 중 어느 쪽에 조사한 수를 나타낼 것인지를 정합니다.
② 눈금 한 칸의 크기를 정하고, 조사한 수 중 가장 큰 수를 나타낼 수 있도록
　 눈금의 수를 정합니다.
③ 조사한 수에 맞도록 막대를 그립니다.
④ 막대그래프에 알맞은 제목을 붙입니다.

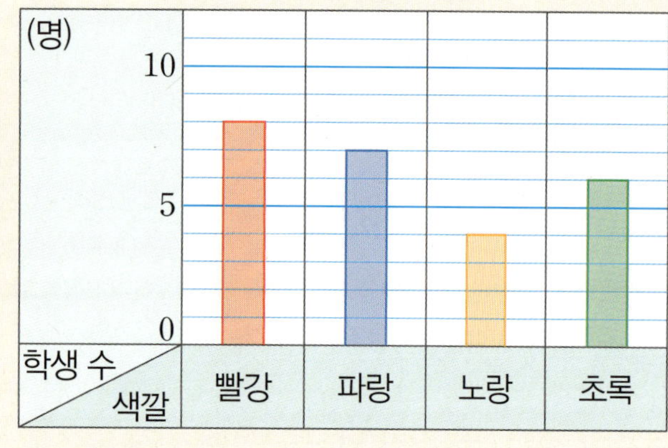

- 세로에 <u>조사한 수</u>를 나타냅니다.
　　　　　　　→ 학생 수
- 세로 눈금 한 칸의 크기를 1명으로 정하고, 조사한 수 중 가장 큰 수인 8을 나타낼 수 있도록 세로 눈금을 적어도 8칸까지는 있도록 그립니다.
- 조사한 수에 맞도록 막대를 그리고 막대그래프에 알맞은 제목을 붙입니다.

- 자료를 조사하여 막대그래프 그리기

조사할 내용 및 조사 항목을 정합니다.

↓

조사 방법 및 조사 대상과 조사 시기를 정합니다.
└→ 직접 물어 보기, 설문지 등

↓

자료를 수집하여 조사한 결과를 표로 정리합니다.

↓

표를 보고 막대그래프로 나타냅니다.

개념 확인 문제

3-1 현민이네 반 학생들이 좋아하는 채소를 조사한 것입니다. 물음에 답하세요.

좋아하는 채소

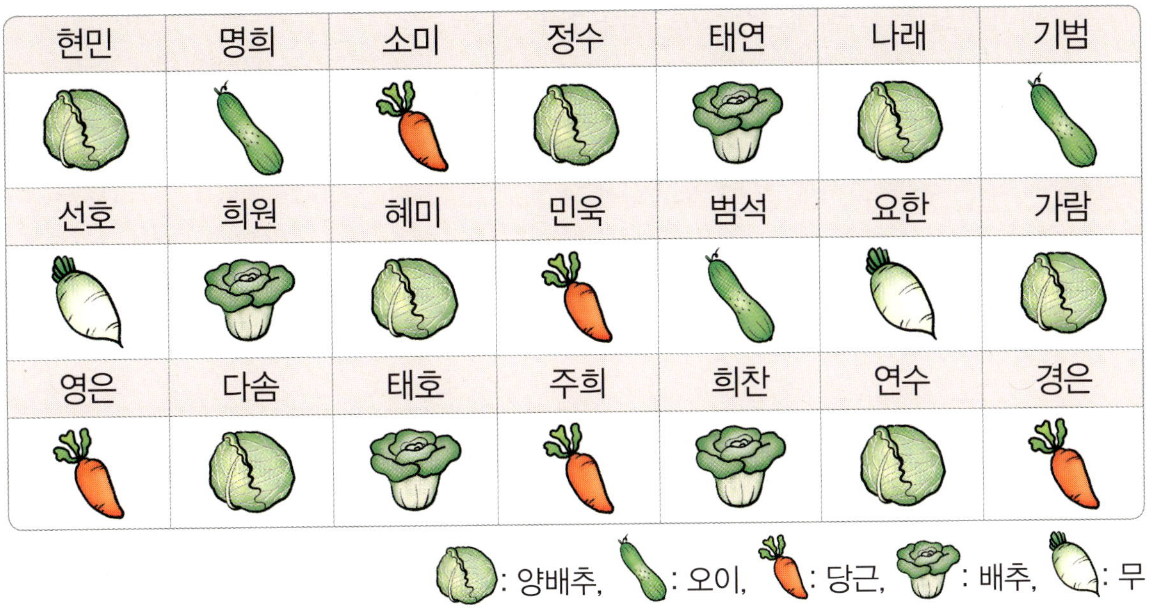

현민	명희	소미	정수	태연	나래	기범
선호	희원	혜미	민욱	범석	요한	가람
영은	다솜	태호	주희	희찬	연수	경은

: 양배추, : 오이, : 당근, : 배추, : 무

(1) 조사한 자료를 표로 정리해 보세요.

좋아하는 채소별 학생 수

채소	양배추	오이	당근	배추	무	합계
학생 수(명)						

(2) 위 (1)의 표를 보고 세로 눈금 한 칸의 크기가 1명인 막대그래프로 나타내려고 합니다. 세로 눈금은 적어도 몇 칸까지 있어야 할까요?

(   )

(3) 위 (1)의 표를 보고 막대그래프로 나타내어 보세요.

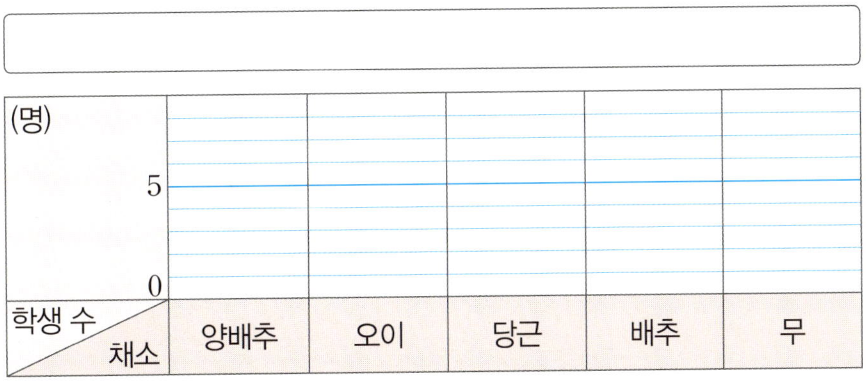

(명)					
5					
0					
학생 수 \ 채소	양배추	오이	당근	배추	무

개념 4 막대그래프로 이야기 만들기

- **이야기를 읽고 막대그래프로 나타내기**

영규네 반 학생들의 요일별 지각한 학생 수를 조사해 보니 월요일은 7명, 화요일은 4명, 수요일은 4명, 목요일은 3명, 금요일은 3명이었습니다.

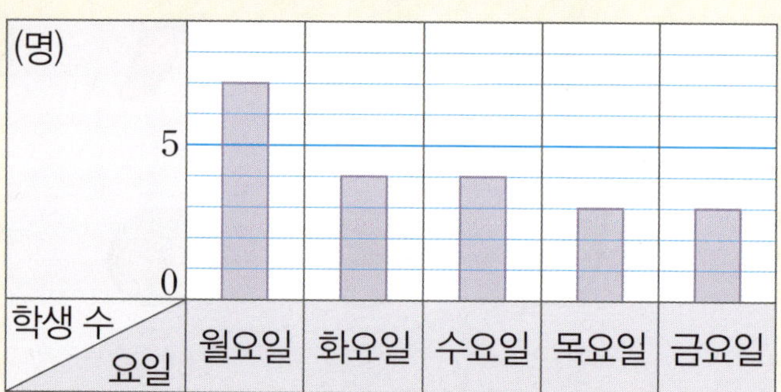

➡ 이야기를 막대그래프로 나타내면 내용을 한눈에 비교하기 편리합니다.

- **막대그래프를 보고 이야기 만들기**

막대그래프를 보고 알 수 있는 내용으로 이야기를 만들 수 있습니다.

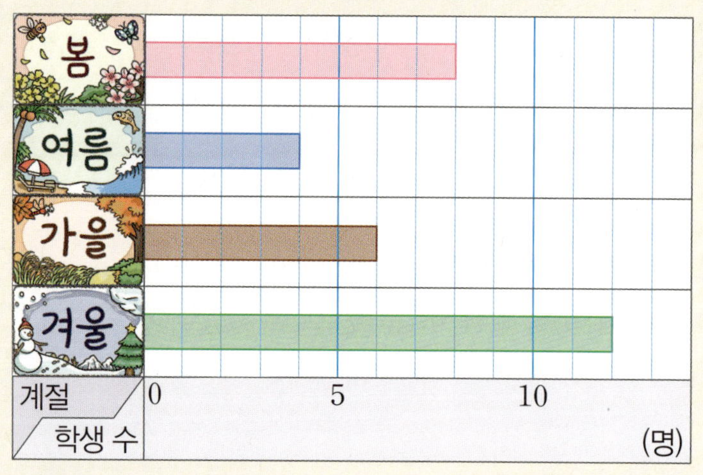

막대그래프를 보고 만들 수 있는 이야기

학생 30명에게 좋아하는 계절을 조사했습니다.
봄을 좋아하는 학생은 8명, 여름을 좋아하는 학생은 4명, 가을을 좋아하는 학생은 6명, 겨울을 좋아하는 학생은 12명입니다.
가장 많은 학생들이 좋아하는 계절은 겨울이고, 가장 적은 학생들이 좋아하는 계절은 여름입니다.
봄을 좋아하는 학생은 가을을 좋아하는 학생보다 2명 많습니다.
겨울을 좋아하는 학생 수는 여름을 좋아하는 학생 수의 3배입니다.

4-1 다음 이야기를 읽고 막대그래프로 나타내어 보세요.

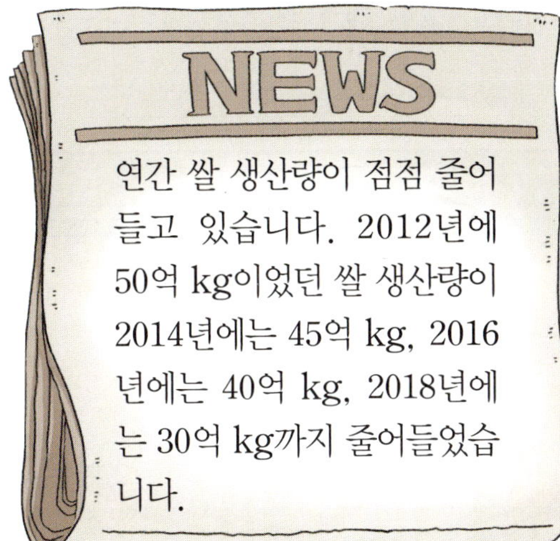

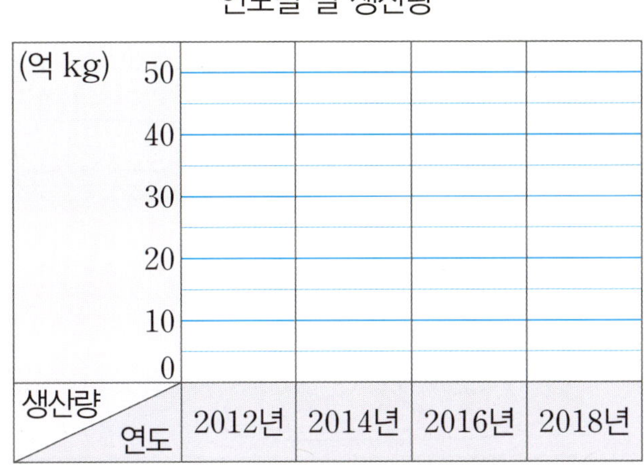

1주 교과서

4-2 규리네 반 학생들이 좋아하는 꽃을 조사하여 나타낸 막대그래프입니다. 막대그래프를 보고 알 수 있는 사실로 알맞은 것을 찾아 기호를 써 보세요.

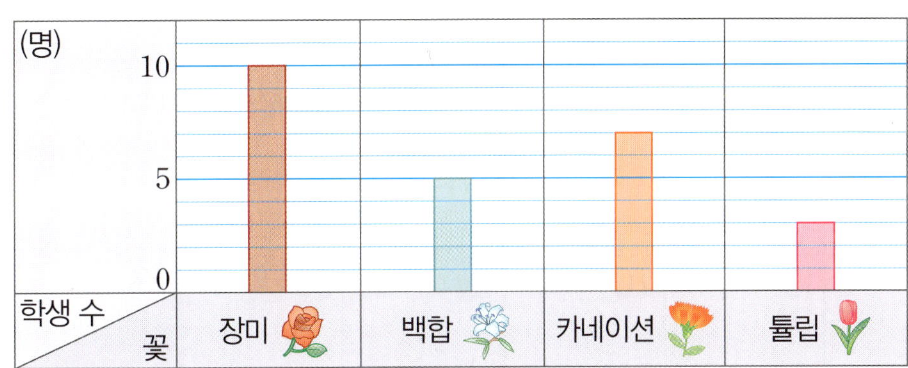

> ㉠ 규리네 반 학생들이 좋아하는 꽃의 종류는 3가지입니다.
> ㉡ 가장 많은 학생들이 좋아하는 꽃은 카네이션입니다.
> ㉢ 백합을 좋아하는 학생은 튤립을 좋아하는 학생보다 2명 적습니다.
> ㉣ 장미를 좋아하는 학생 수는 백합을 좋아하는 학생 수의 2배입니다.

(   )

준비물 ◀ 붙임딱지

아래의 1월 달력에 자유롭게 날씨 붙임딱지를 붙여서 1월의 날씨를 나타내어 보세요.

일	월	화	수	목	금	토
				1	2	3
4	5	6	7	8	9	10
11	12	13	14	15	16	17
18	19	20	21	22	23	24
25	26	27	28	29	30	31

왼쪽 달력의 날씨를 보고 표와 막대그래프로 나타낸 후 막대그래프를 보고 어떤 것을 알 수 있는지 써 보세요.

1월의 날씨별 날수

날씨	맑음	흐림	비	눈	합계
날수(일)					

1월의 날씨별 날수

(일)

날수＼날씨	맑음	흐림	비	눈

막대그래프를 보고
알 수 있는 점 ____________________

교과서 개념 스토리 — 농작물의 수를 그래프로 나타내기

밭에 심은 농작물의 수를 나타낸 표를 보고 아래 밭에 농작물의 수만큼 붙임딱지를 붙여 보세요.
그리고 오른쪽에 3가지의 서로 다른 막대그래프로 나타내어 보세요.

밭에 심은 농작물 수

종류	토마토 🍅	가지 🍆	고추 🌶	오이 🥒	합계
농작물 수(개)	12	10	6	8	36

(개)
10
5
0
농작물 수
종류
토마토
가지
고추
오이
(개)
20
10
0
농작물 수
종류
토마토
가지
고추
오이
토마토
가지
고추
오이
종류
농작물 수
0
5
10
15
(개)

개념 1 막대그래프 알아보기

01 동해네 반 학생들이 배우는 악기를 조사하여 나타낸 막대그래프입니다. 막대그래프의 가로와 세로는 각각 무엇을 나타내는지 써 보세요.

배우는 악기별 학생 수

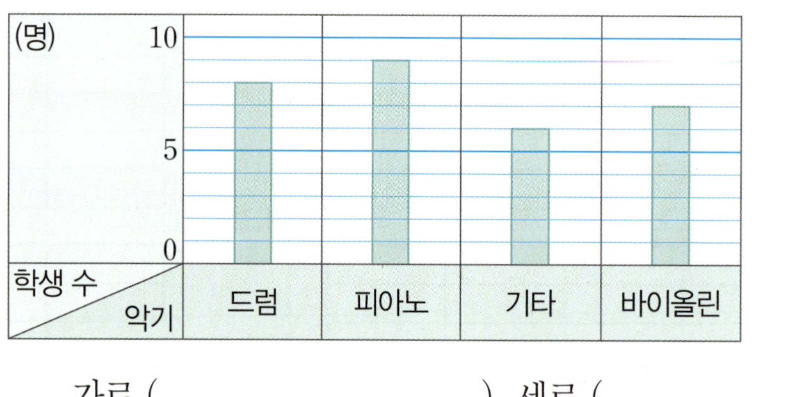

가로 (   ), 세로 (   )

02 지우네 반 학생들이 좋아하는 동물을 조사하여 나타낸 표와 막대그래프입니다. 물음에 답하세요.

좋아하는 동물별 학생 수

동물	사자	기린	코끼리	합계
학생 수(명)	18	8	4	30

좋아하는 동물별 학생 수

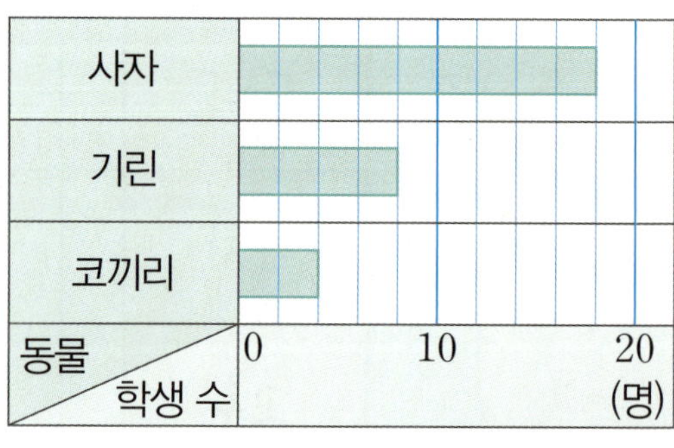

(1) 표와 막대그래프 중 전체 학생 수를 알아보기에 어느 것이 더 편리할까요?

(   )

(2) 표와 막대그래프 중 가장 많은 학생들이 좋아하는 동물을 알아보기에 어느 것이 더 편리할까요?

(   )

개념 2 막대그래프의 내용 알아보기

03 연우네 반 학생들이 좋아하는 빵을 조사하여 나타낸 막대그래프입니다. 물음에 답하세요.

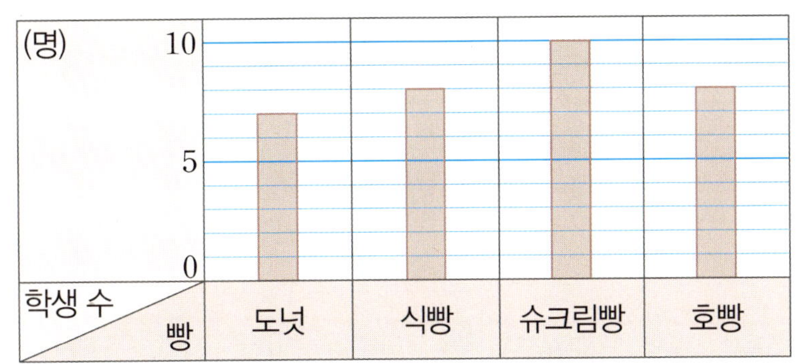

(1) 막대의 길이는 무엇을 나타낼까요?

(   )

(2) 가장 적은 학생들이 좋아하는 빵은 무엇일까요?

(   )

04 마을별 사과 생산량을 조사하여 나타낸 막대그래프입니다. 물음에 답하세요.

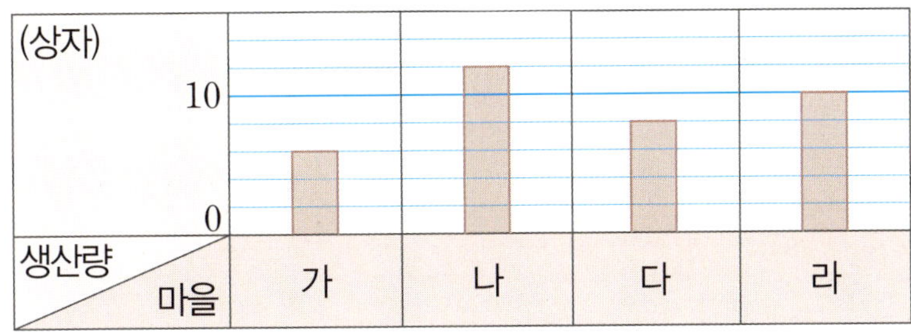

(1) 막대그래프에서 세로 눈금 한 칸은 몇 상자를 나타낼까요?

(   )

(2) 사과를 가장 많이 생산한 마을은 어느 마을일까요?

(   )

개념 3 막대그래프에서 알 수 있는 것

05 영지네 반 학생들이 좋아하는 체육 활동을 조사하여 나타낸 막대그래프입니다. 물음에 답하세요.

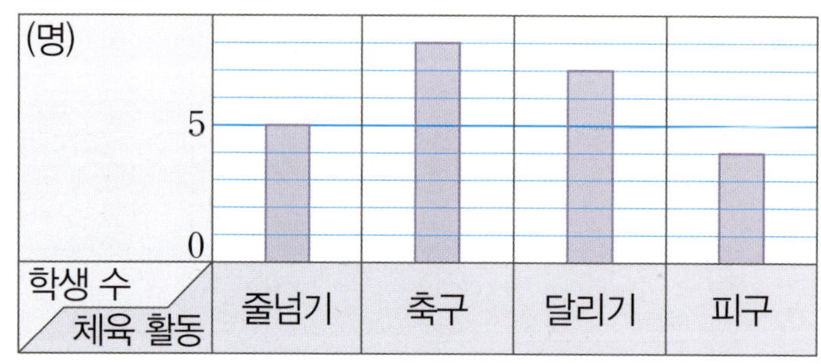

(1) 달리기를 좋아하는 학생은 몇 명일까요?

( )

(2) 축구를 좋아하는 학생은 줄넘기를 좋아하는 학생보다 몇 명 더 많을까요?

( )

06 혜미네 반 학생들이 좋아하는 요일을 조사하여 나타낸 막대그래프입니다. 두 번째로 많은 학생들이 좋아하는 요일은 무슨 요일이고, 좋아하는 학생은 몇 명인지 차례로 써 보세요.

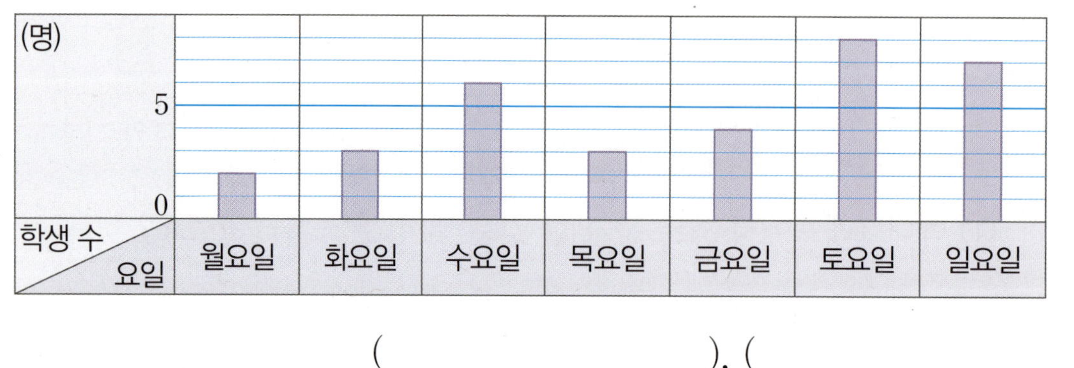

( ), ( )

개념 4 막대그래프를 보고 알 수 있는 내용

07 주영이네 집에서 한 달 동안 버려진 쓰레기의 양을 조사하여 나타낸 막대그래프입니다. 막대그래프를 보고 알 수 있는 내용을 2가지만 써 보세요.

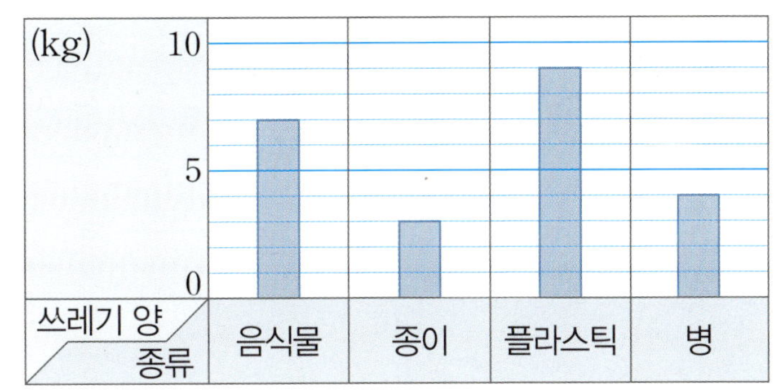

① ____

____

② ____

____

08 정호네 학교 4학년 학생들이 현장 체험 학습으로 가고 싶은 장소를 조사하여 나타낸 막대그래프입니다. 현장 체험 학습으로 어디를 가면 좋을지 쓰고 그 이유를 써 보세요.

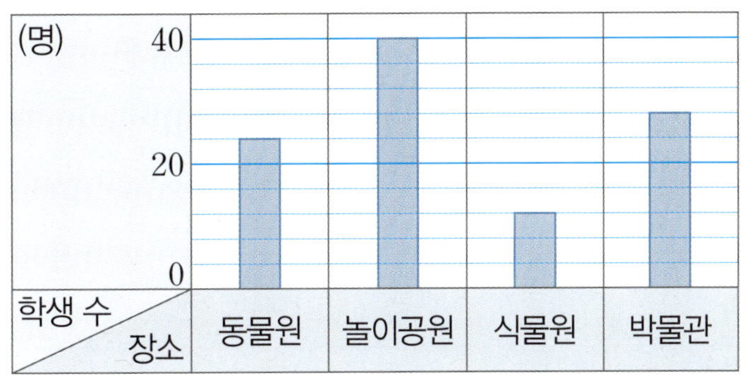

(   )

이유 ____

개념 5 막대그래프 그리기

09 채민이네 반 학생들이 좋아하는 음식을 조사하여 나타낸 표입니다. 표를 보고 막대그래프로 나타내려고 합니다. 물음에 답하세요.

좋아하는 음식별 학생 수

음식	피자	햄버거	치킨	핫도그	합계
학생 수(명)	8	6	7	5	26

(1) 세로 눈금 한 칸의 크기가 1명인 막대그래프로 나타낸다면 치킨을 좋아하는 학생은 몇 칸으로 나타내어야 할까요?

(   )

(2) 표를 보고 막대그래프로 나타내어 보세요.

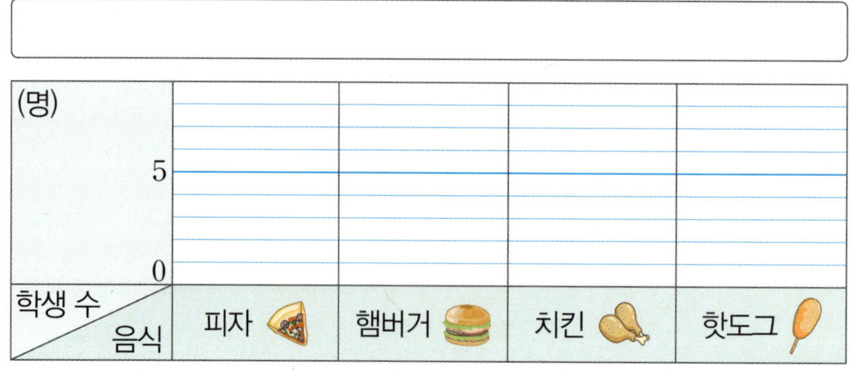

10 용국이네 반 학생들이 좋아하는 과일을 조사하여 나타낸 표입니다. 표를 보고 막대그래프를 완성해 보세요.

좋아하는 과일별 학생 수

과일	배	수박	사과	딸기	합계
학생 수(명)	5	7	8	4	24

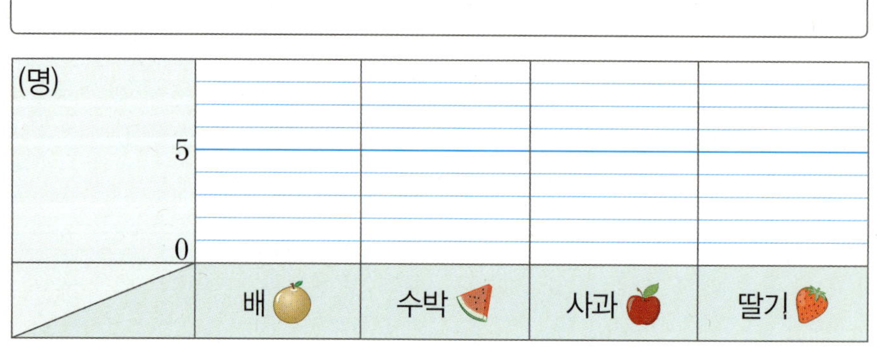

개념 6 막대그래프를 보고 이야기 만들기

11 유정이네 반 학생들이 좋아하는 민속놀이를 조사하여 나타낸 막대그래프입니다. ☐ 안에 알맞은 수나 말을 써넣어 이야기를 완성해 보세요.

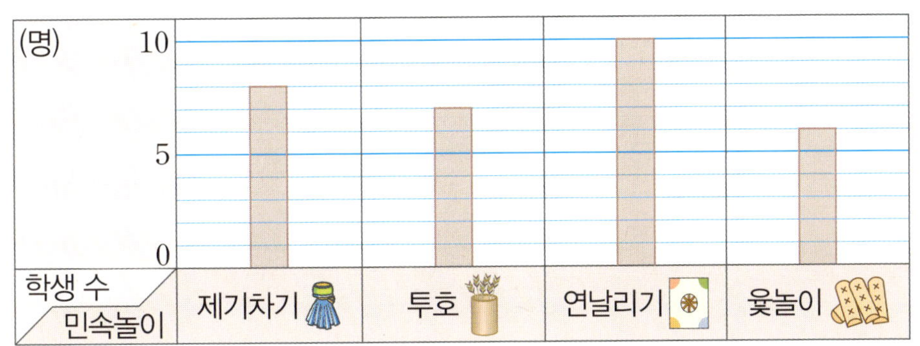

12 과수원에 있는 종류별 과일나무 수를 조사하여 나타낸 막대그래프입니다. ☐ 안에 알맞은 수나 말을 써넣어 이야기를 완성해 보세요.

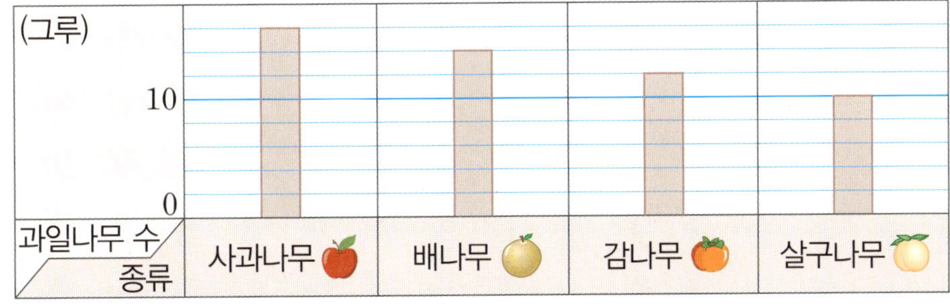

⭐ **가장 많은 항목과 가장 적은 항목의 수의 차 구하기**

1 유진이네 마을 학생들이 가고 싶은 나라를 조사하여 나타낸 막대그래프입니다. 가장 많은 학생들이 가고 싶은 나라와 가장 적은 학생들이 가고 싶은 나라의 학생 수의 차를 구해 보세요.

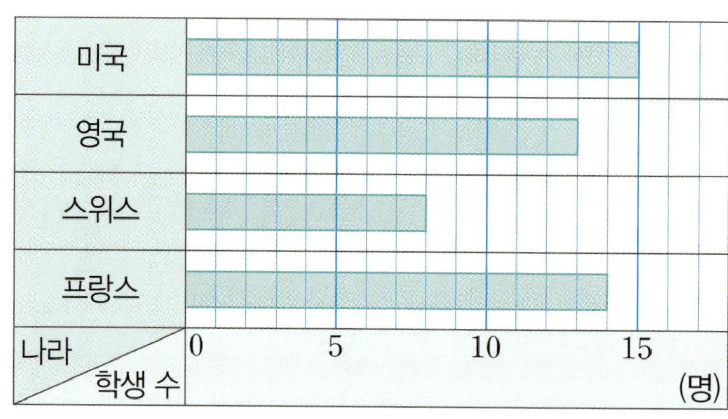

답 ___________________

개념 피드백

• 막대의 길이로 수량 비교하기

막대의 길이가 길수록 수량이 많고, 막대의 길이가 짧을수록 수량이 적습니다.

1-1 현태네 마을 학생들이 좋아하는 김치의 종류를 조사하여 나타낸 막대그래프입니다. 가장 많은 학생들이 좋아하는 김치 종류와 가장 적은 학생들이 좋아하는 김치 종류의 학생 수의 차를 구해 보세요.

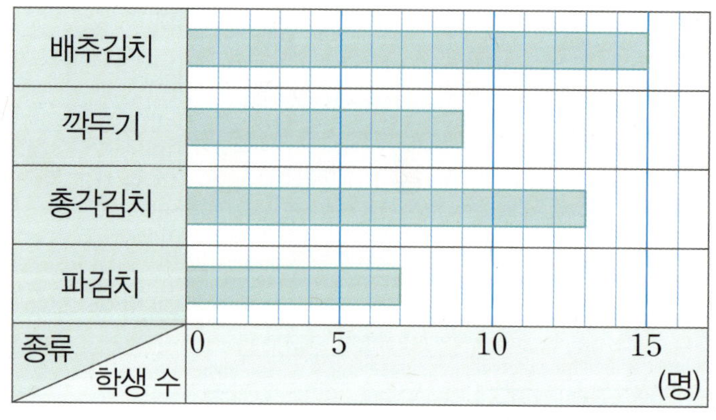

(   )

★ 일부분이 찢어진 막대그래프에서 항목의 수 구하기

2 준우네 반 학생들의 장래 희망을 조사하여 나타낸 막대그래프의 일부분이 찢어졌습니다. 연예인이 되고 싶은 학생 수는 의사가 되고 싶은 학생 수의 2배일 때 연예인이 되고 싶은 학생은 몇 명인지 구해 보세요.

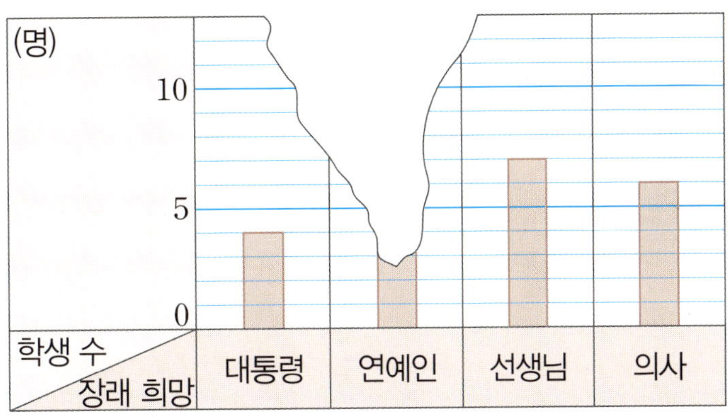

답 ________________________

• 주어진 조건을 이용하여 모르는 항목의 수 구하기

① 세로 눈금 한 칸의 크기를 구합니다.

② 주어진 조건과 아는 자료를 이용하여 모르는 항목의 수를 구합니다.

2-1 어느 달에 우리나라를 방문한 나라별 관광객의 수를 조사하여 나타낸 막대그래프입니다. 미국인 관광객 수는 대만인 관광객 수의 3배일 때, 우리나라를 방문한 미국인 관광객은 몇 명인지 구해 보세요.

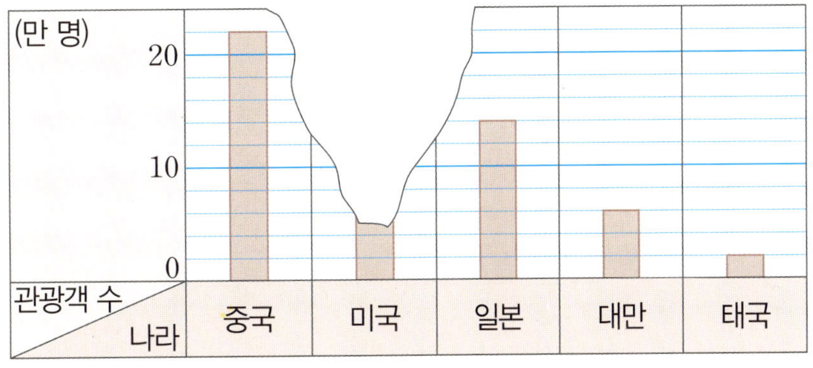

(   )

★ 조사한 전체 수 구하기

3 연아네 반 학생들이 좋아하는 반찬을 조사하여 나타낸 막대그래프를 보고 연아네 반 학생은 모두 몇 명인지 구해 보세요.

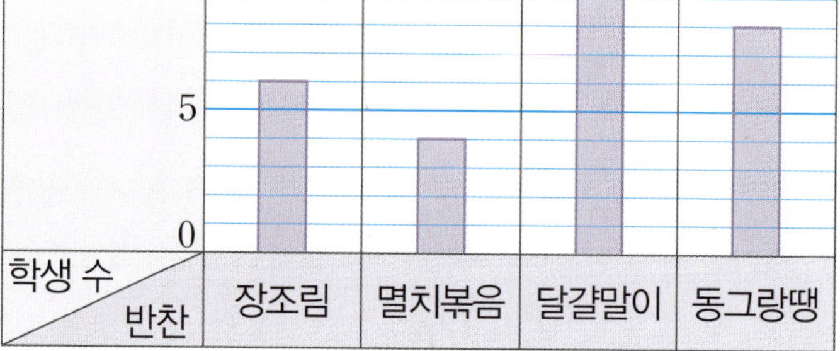

답 ____________________

 **개념 피드백**

• 조사한 전체 수 구하기

① 세로 눈금 한 칸의 크기를 구합니다.

② 각 항목의 수를 더하여 조사한 전체 수를 구합니다.

3-1 어느 농장에서 기르는 동물 수를 조사하여 나타낸 막대그래프입니다. 이 농장에서 기르는 동물은 모두 몇 마리인지 구해 보세요.

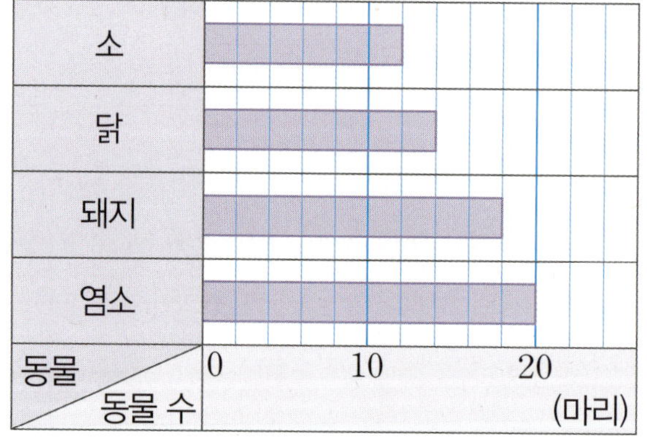

(   )

★ 전체 수를 이용하여 모르는 항목의 수 구하기

4 민정이네 반 학생 35명의 혈액형을 조사하여 나타낸 막대그래프입니다. AB형인 학생은 몇 명인지 구해 보세요.

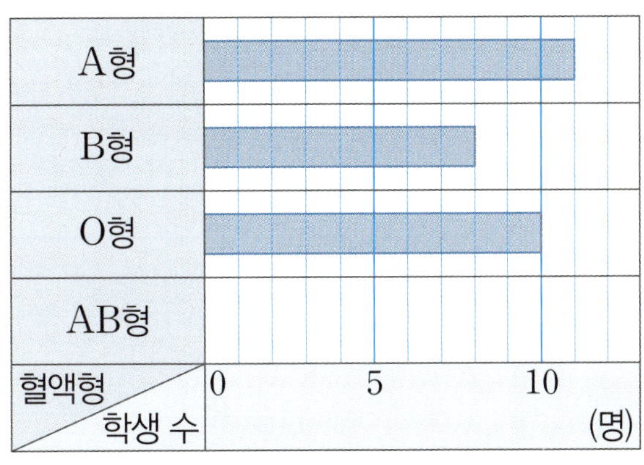

답 ________________________

개념 피드백

• 전체 수를 이용하여 모르는 항목의 수 구하기

① 세로 눈금 한 칸의 크기를 구합니다.

② 전체 수에서 아는 항목의 수를 모두 빼어 모르는 항목의 수를 구합니다.

4-1 서우의 저금통에 들어 있던 동전 110개를 종류별로 세어 나타낸 막대그래프입니다. 100원짜리 동전은 몇 개 들어 있었는지 구해 보세요.

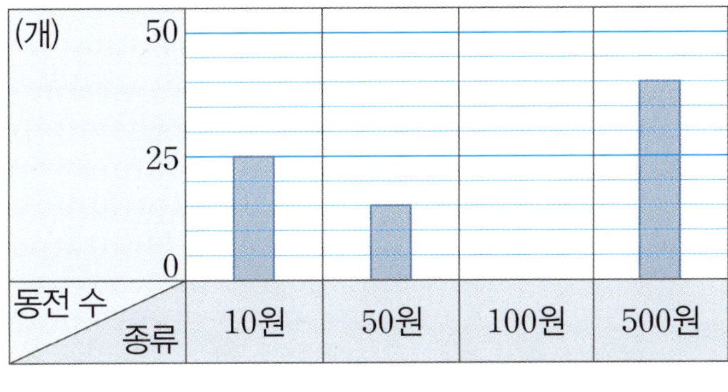

(   )

★ **일부분이 생략된 막대그래프 완성하기**

5 효정이네 반 학생 25명에게 어린이날에 받고 싶은 선물을 조사하여 나타낸 막대 그래프입니다. 게임기를 받고 싶은 학생은 신발을 받고 싶은 학생보다 2명 더 많을 때 막대그래프를 완성해 보세요.

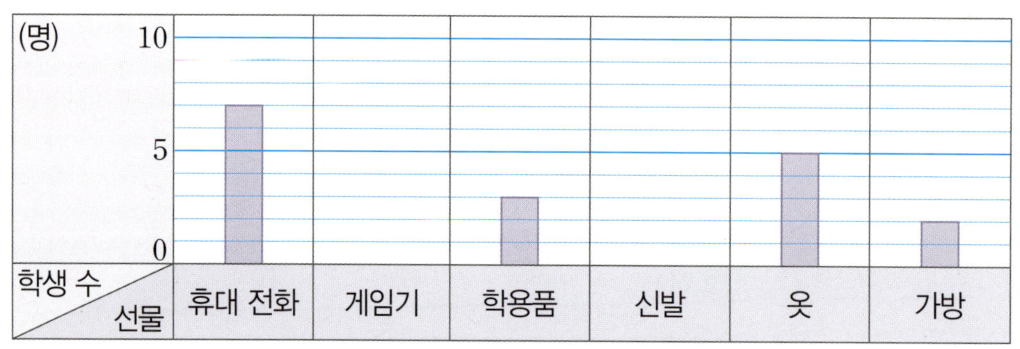

개념 피드백

• 여러 항목의 수를 모를 때 막대그래프 완성하기

① 모르는 항목 중에서 가장 적은 항목의 수를 ☐로 정합니다.

② 식을 계산하여 ☐의 값을 구하고, 주어진 조건을 이용하여 모르는 다른 항목의 수도 구합니다.

③ 막대를 그려서 막대그래프를 완성합니다.

5-1 꽃바구니에 들어 있는 꽃 60송이의 종류를 조사하여 나타낸 막대그래프입니다. 나팔꽃이 해바라기보다 4송이 더 많을 때 막대그래프를 완성해 보세요.

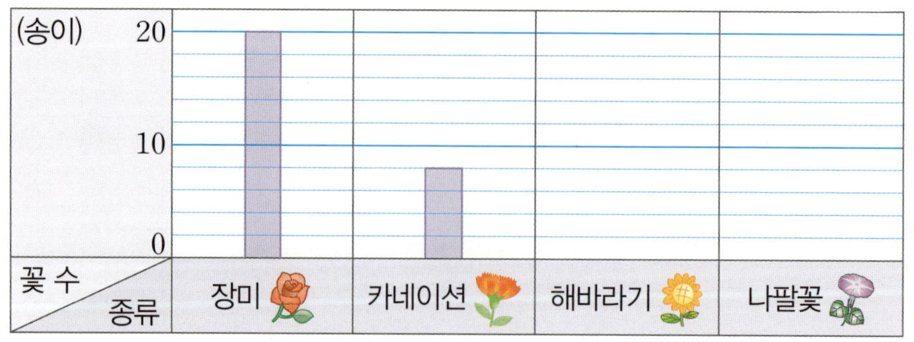

★ 여러 자료의 막대그래프

6 세 학생의 양궁 기록을 나타낸 막대그래프입니다. 1회, 2회, 3회 기록의 합이 가장 높은 학생을 양궁 대표 선수로 뽑는다면 누가 대표 선수가 될지 구해 보세요.

학생별 양궁 기록

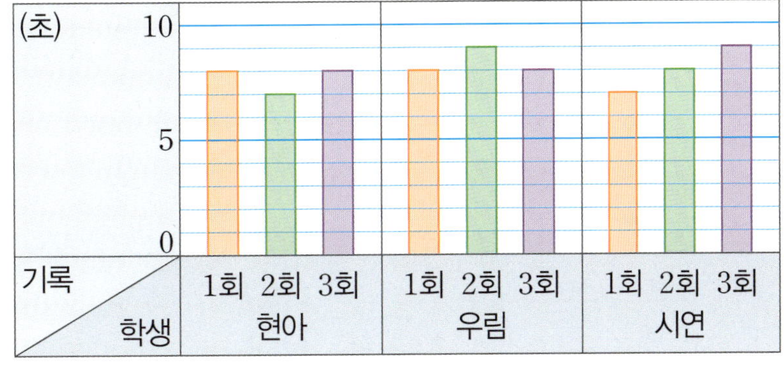

답 ________________

개념 피드백

• 기록의 합을 비교하여 대표 선수 정하기
① 막대그래프를 보고 사람별 기록의 합을 구합니다.
② 종목에 따라 기록의 합이 높은 사람이 대표 선수가 될지 낮은 사람이 대표 선수가 될지 정합니다.
　예 양궁은 기록의 합이 높을수록 잘하는 것이고 달리기는 기록의 합이 짧을수록 빠른 것입니다.

6-1 세 학생의 50 m 달리기 기록을 나타낸 막대그래프입니다. 1회, 2회, 3회 기록의 합이 가장 짧은 학생을 50 m 달리기 대표 선수로 뽑는다면 누가 대표 선수가 될지 구해 보세요.

학생별 50 m 달리기 기록

(　　　　　　　　　)

1 오른쪽은 영재가 3일 동안 책을 읽은 시간을 나타낸 막대그래프입니다. 영재가 3일 동안 책을 읽은 시간은 모두 몇 분인지 구해 보세요.

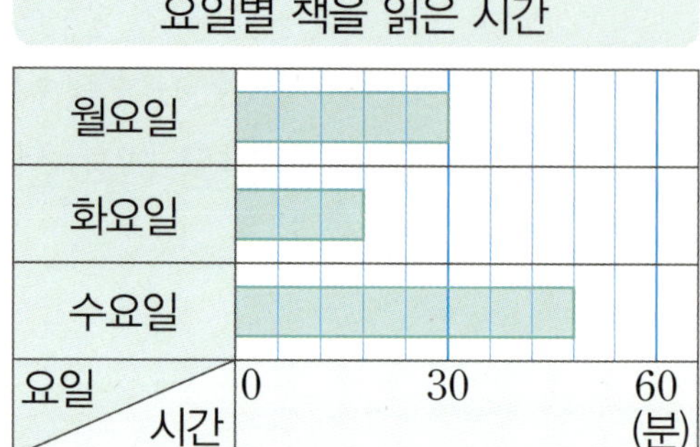

요일별 책을 읽은 시간

해결하기 막대그래프에서 가로 눈금 한 칸의 크기는 ☐ ÷ 5 = ☐ (분)입니다.

요일별 책을 읽은 시간은 월요일 ☐ 분, 화요일 ☐ 분,

수요일 ☐ 분이므로 영재가 3일 동안 책을 읽은 시간은 모두

☐ + ☐ + ☐ = ☐ (분)입니다.

답 구하기 ☐ 분

2 용빈이가 4일 동안 운동한 시간을 나타낸 막대그래프입니다. 용빈이가 4일 동안 운동한 시간은 모두 몇 분인지 구해 보세요.

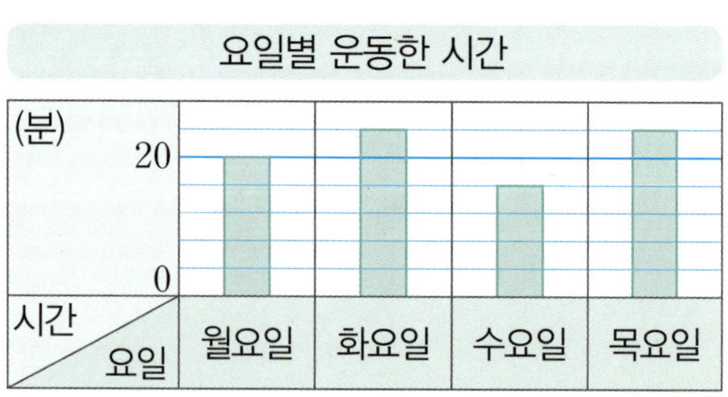

요일별 운동한 시간

해결하기

답 구하기

3 오른쪽은 지호네 학교 4학년 반별 반려견을 키우는 학생 수를 조사하여 나타낸 막대그래프입니다. 반려견을 키우는 학생이 가장 많은 반은 몇 반인지 구해 보세요.

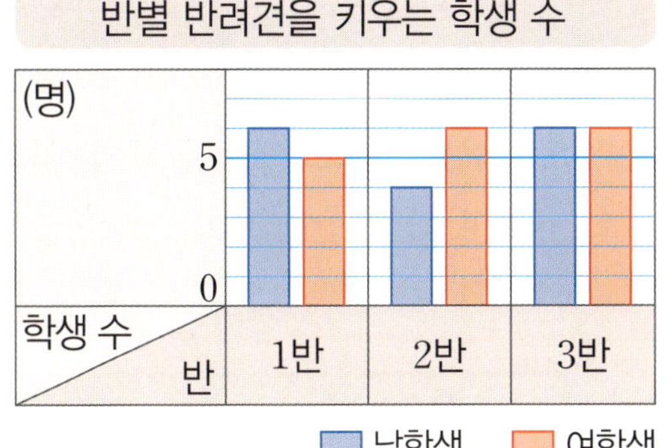

해결하기 반별 반려견을 키우는 남학생 수와 여학생 수를 더하면

1반이 ☐ + ☐ = ☐ (명), 2반이 ☐ + ☐ = ☐ (명),

3반이 ☐ + ☐ = ☐ (명)입니다.

따라서 반려견을 키우는 학생이 가장 많은 반은 ☐ 반입니다.

답 구하기 ☐ 반

4 오른쪽은 영진이네 학교 4학년 반별 태권도를 배우는 학생 수를 조사하여 나타낸 막대그래프입니다. 태권도를 배우는 학생은 남학생과 여학생 중 어느 쪽이 더 많은지 구해 보세요.

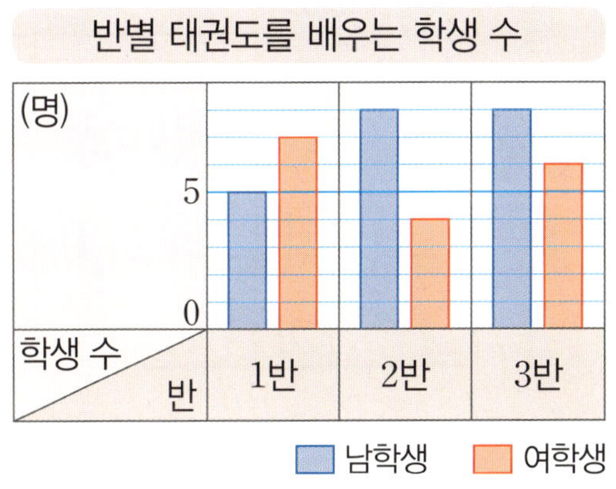

해결하기

답 구하기

사고력 개념 스토리 눈금의 크기가 다른 막대그래프

딴지네 반 학생들이 좋아하는 음식별 학생 수를 조사하여 나타낸 표를 보고 막대그래프의 세로 눈금 한 칸의 크기를 구하여 세로 눈금 한 칸의 크기가 적힌 막대 붙임딱지를 붙여 막대그래프를 완성해 보세요. 그리고 아래 막대그래프에는 세로 눈금 한 칸의 크기가 위와 다른 막대 붙임딱지를 붙여 막대그래프를 완성해 보세요.

좋아하는 음식별 학생 수

음식	피자	햄버거	치킨	떡볶이	합계
학생 수(명)	8	6	10	4	28

좋아하는 음식별 학생 수

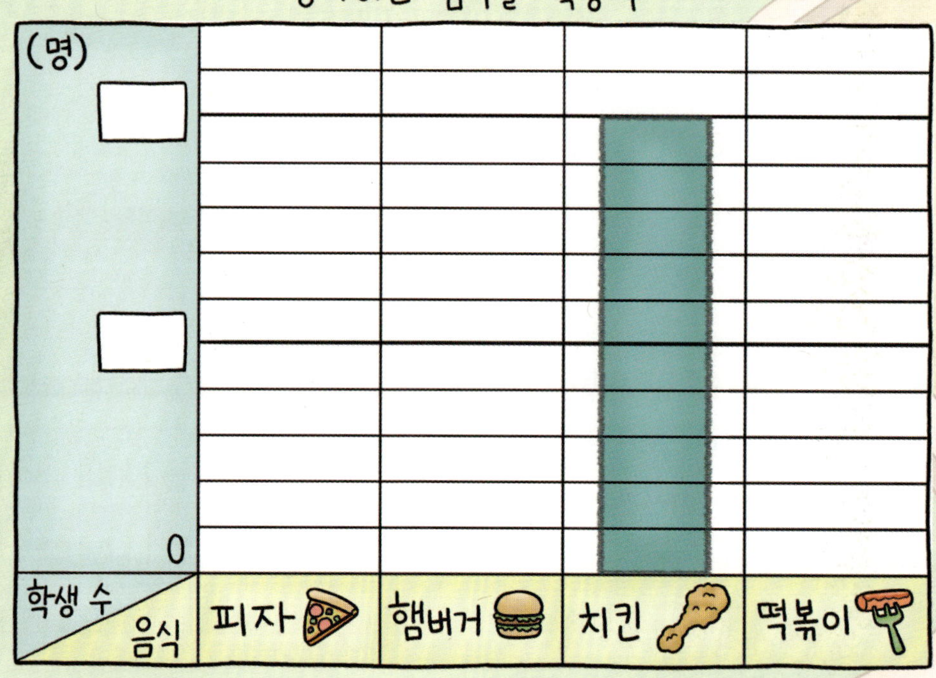

좋아하는 음식별 학생 수

공원에 있는 종류별 나무의 수를 조사하여 나타낸 막대그래프를 보고 세로 눈금 한 칸의
크기가 서로 다른 막대 붙임딱지를 붙여 2가지의 막대그래프를 완성해 보세요.

종류별 나무 수

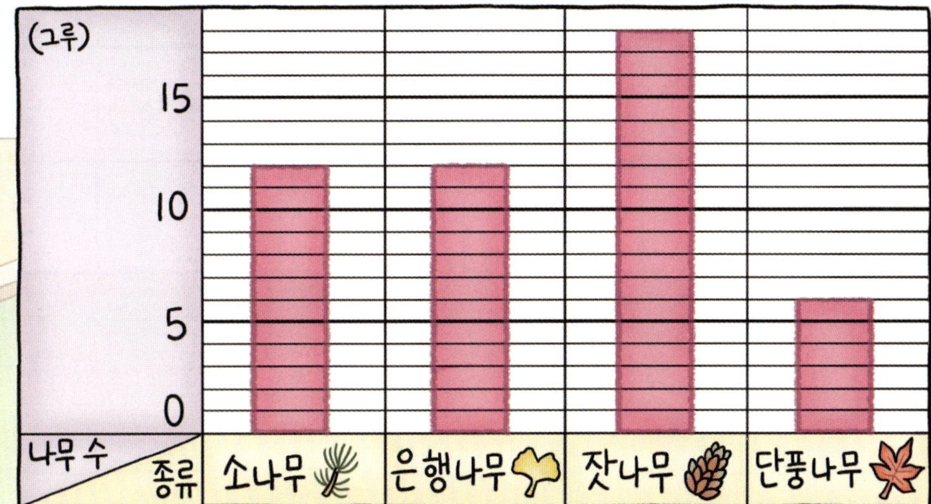

종류별 나무 수

종류별 나무 수

사고력 개념 스토리 — 조건에 맞는 학생 수 구하기

준비물 붙임딱지

가희네 반 학생들이 좋아하는 동물을 조사하여 나타낸 표입니다. 물음에 답하세요.

좋아하는 동물별 학생 수

동물	강아지	고양이	기린	호랑이	합계
학생 수(명)	9		6		27

다음 조건을 보고 고양이와 호랑이를 좋아하는 학생 수만큼 각각 동물 붙임딱지를 붙여 보고, 막대그래프로 나타내어 보세요.

고양이를 좋아하는 학생 수는 호랑이를 좋아하는 학생 수의 2배입니다.

고양이

호랑이

(명)				
10				
5				
0				
학생 수 \ 동물	강아지	고양이	기린	호랑이

영호네 반 학생들이 존경하는 위인을 조사하여 나타낸 표입니다. 물음에 답하세요.

존경하는 위인별 학생 수

위인	이순신	유관순	정약용	세종대왕	합계
학생 수(명)		9	5		27

다음 조건을 보고 이순신과 세종대왕을 존경하는 학생 수만큼 각각 위인 붙임딱지를 붙여
보고, 막대그래프로 나타내어 보세요.

세종대왕을 존경하는 학생은 이순신을 존경하는 학생보다 3명 많습니다.

(명)	이순신	유관순	정약용	세종대왕
10				
5				
0				
학생 수 / 위인	이순신	유관순	정약용	세종대왕

1 혜미는 갈비찜을 만들기 위해 필요한 재료 560 g과 재료의 양을 막대그래프로 나타낸 종이를 준비했습니다. 그런데 종이에 간장을 쏟아 잘 보이지 않게 되었습니다. 필요한 양파는 몇 g인지 구해 보세요.

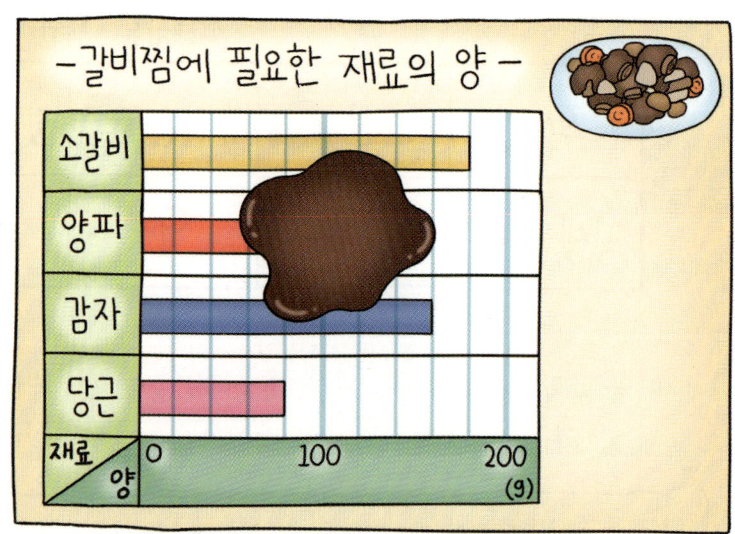

❶ 막대그래프의 가로 눈금 한 칸은 몇 g을 나타낼까요?

(   )

❷ 갈비찜을 만드는 데 필요한 소갈비, 감자, 당근의 양은 각각 몇 g인지 차례로 써 보세요.

(,   ,   )

❸ 갈비찜을 만드는 데 필요한 양파의 양은 몇 g일까요?

(   )

2 주사위를 28번 던져서 나온 눈의 수를 표와 막대그래프로 정리하려고 합니다. 승희가 하는 말을 보고 주사위를 28번 던져서 나온 눈의 수를 표와 막대그래프로 나타내어 보세요.

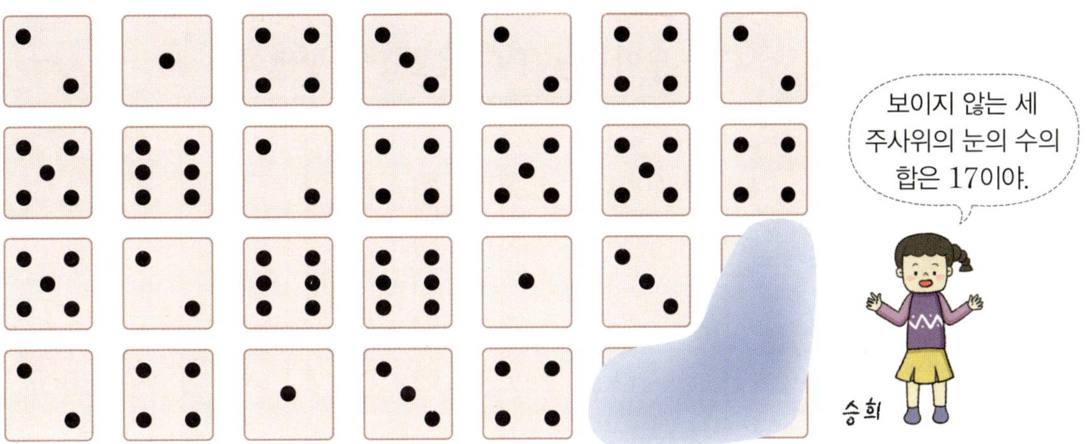

1 보이지 않는 세 주사위의 눈을 그려 보세요.

2 표와 막대그래프를 완성해 보세요.

주사위를 던져서 나온 눈의 수

눈의 수	1	2	3	4	5	6	합계
나온 횟수(번)							28

주사위를 던져서 나온 눈의 수

3 형주네 학교 4학년 학생들이 좋아하는 TV 프로그램을 조사하여 나타낸 막대그래프입니다. 4학년 남학생과 여학생의 수가 같을 때, 드라마를 좋아하는 여학생은 몇 명인지 구해 보세요.

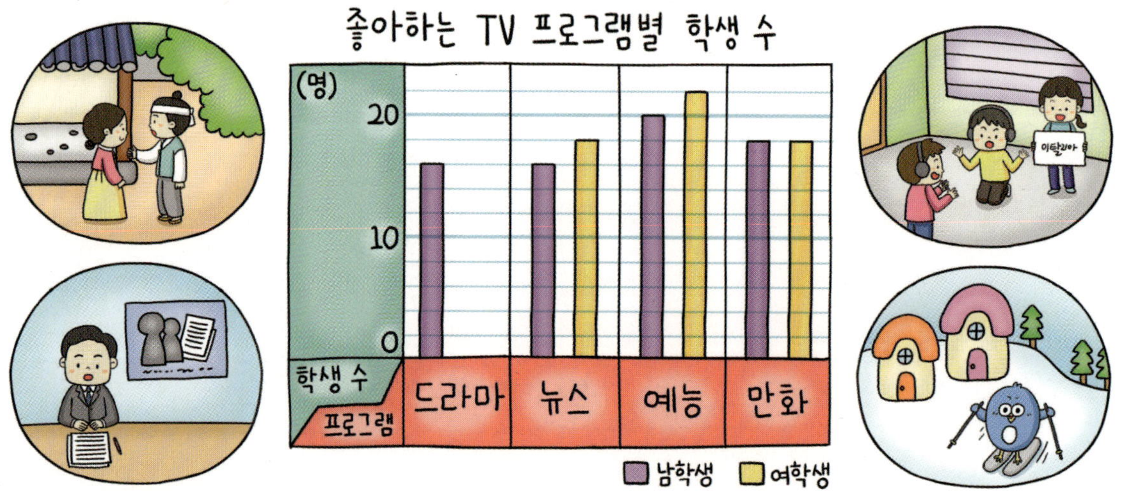

① 형주네 학교 4학년 남학생은 모두 몇 명일까요?

(   )

② 뉴스, 예능, 만화를 좋아하는 여학생은 각각 몇 명인지 차례로 써 보세요.

(,   ,   )

③ 드라마를 좋아하는 여학생은 몇 명일까요?

(   )

4 과수원별 하루 토마토 생산량을 조사하여 나타낸 그림그래프와 막대그래프입니다. 승호가 하는 말을 보고 그림그래프와 막대그래프를 완성해 보세요.

과수원별 토마토 생산량

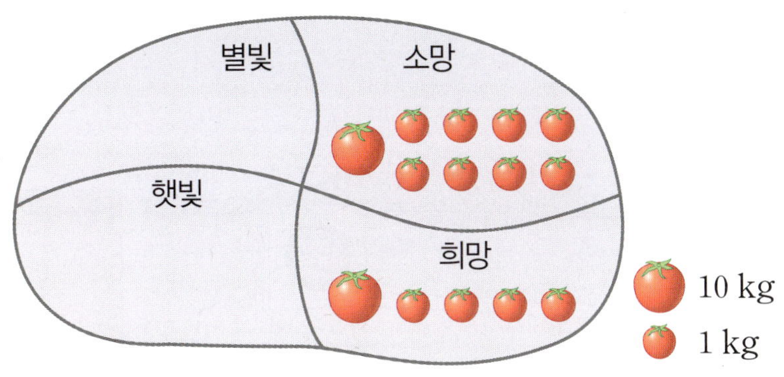

과수원별 토마토 생산량

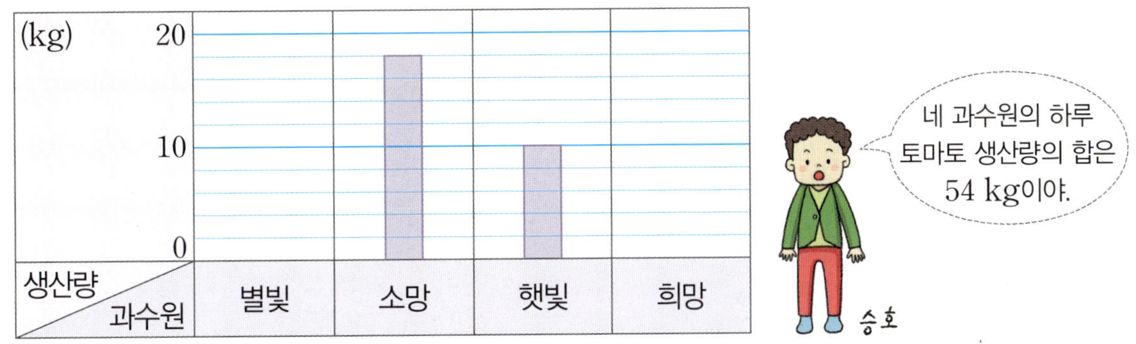

1 소망, 햇빛, 희망 과수원의 하루 토마토 생산량을 각각 구해 보세요.

소망 과수원: ☐ kg, 햇빛 과수원: ☐ kg, 희망 과수원: ☐ kg

2 별빛 과수원의 하루 토마토 생산량은 몇 kg일까요?

( )

3 위의 그림그래프와 막대그래프를 각각 완성해 보세요.

1 정호와 동혁이가 양궁 대표 선수 자리를 두고 선발전을 합니다. 각 세트당 3발씩 쏘아 얻은 기록의 합을 나타낸 막대그래프입니다. 각 세트별로 이기면 2점, 비기면 1점, 지면 0점을 얻고 얻은 점수의 합이 더 높은 학생이 대표 선수가 된다고 할 때, 누가 대표 선수가 되어야 하는지 구해 보세요.

1 1세트의 기록의 합을 비교하여 두 학생이 얻는 점수를 각각 구해 보세요.

정호 (   ), 동혁 (   )

2 2세트의 기록의 합을 비교하여 두 학생이 얻는 점수를 각각 구해 보세요.

정호 (   ), 동혁 (   )

3 3세트의 기록의 합을 비교하여 두 학생이 얻는 점수를 각각 구해 보세요.

정호 (   ), 동혁 (   )

4 정호와 동혁이 중 누가 대표 선수가 되어야 하는지 쓰고, 그 이유를 설명해 보세요.

(   )

이유

2 영훈이와 민지는 친구들과 두 조로 나누어서 신발 던지기 놀이를 하고 있습니다. 조별로 신발을 6짝씩 던져서 떨어진 과녁에 적혀 있는 숫자만큼 점수를 얻습니다. 영훈이네 조의 점수의 합이 민지네 조의 점수의 합보다 10점 더 높을 때, 영훈이네 조와 민지네 조의 과녁 점수별 신발 수를 막대그래프로 나타내어 보세요. (단, 신발이 과녁 밖에 떨어지면 다시 던졌습니다.)

① 영훈이네 조와 민지네 조의 점수의 합을 차례로 써 보세요.

(   ), (   )

② 영훈이네 조와 민지네 조의 과녁 점수별 신발 수를 막대그래프로 나타내어 보세요.

영훈이네 조의 과녁 점수별 신발 수

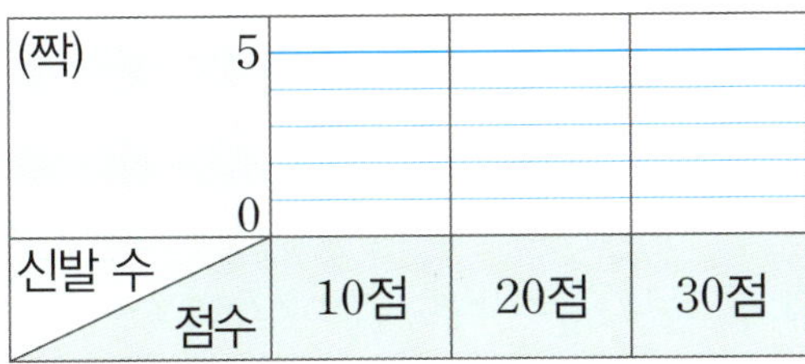

민지네 조의 과녁 점수별 신발 수

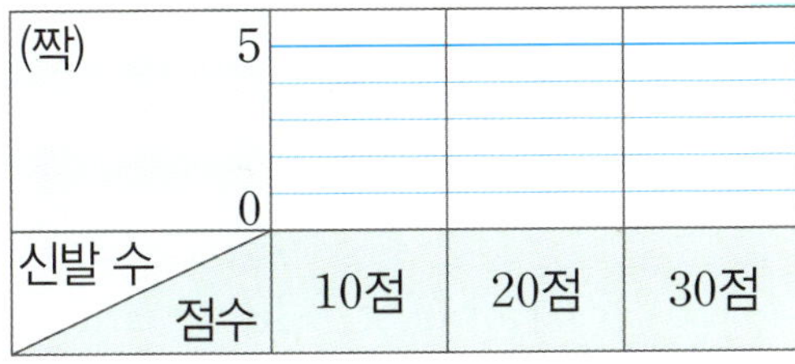

3 지혜네 학교 4학년 학생과 선생님이 현장 체험 학습을 가려고 합니다. 반별 현장 체험 학습을 가는 학생 수를 조사하여 나타낸 막대그래프와 선생님이 하는 말을 보고 가장 많은 학생이 현장 체험 학습을 가는 반을 구해 보세요.

❶ 현장 체험 학습을 가는 4학년 학생은 모두 몇 명일까요?

(   )

❷ 현장 체험 학습을 가는 3반 남학생은 몇 명일까요?

(   )

❸ 가장 많은 학생이 현장 체험 학습을 가는 반은 몇 반일까요?

(   )

4 지수네 모둠 학생들이 1년 동안 읽은 책의 수를 조사하여 나타낸 그림그래프와 막대그래프입니다. 그림그래프와 막대그래프를 완성하고 지수네 모둠 학생들이 1년 동안 읽은 책은 모두 몇 권인지 구해 보세요.

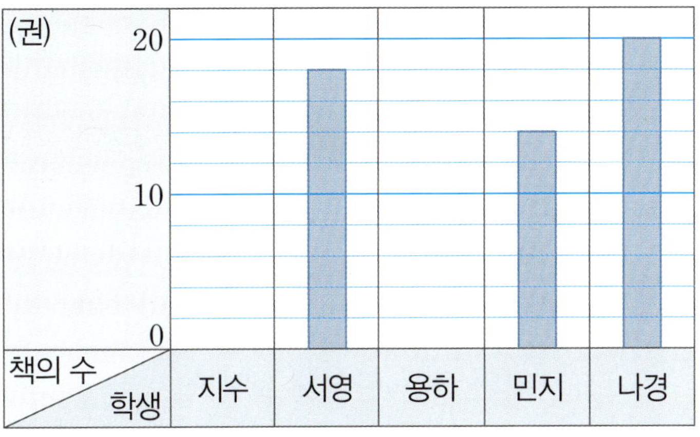

❶ 그림그래프에서 과 은 각각 몇 권을 나타내는지 구해 보세요.

( ), ( )

❷ 위의 그림그래프와 막대그래프를 완성해 보세요.

❸ 지수네 모둠 학생들이 1년 동안 읽은 책은 모두 몇 권일까요?

( )

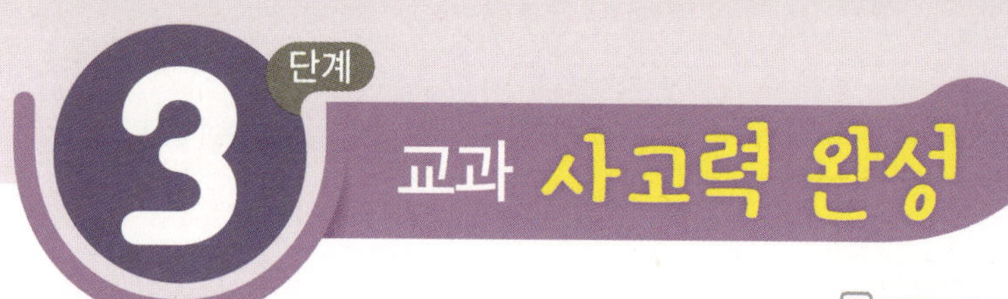

1 다음은 지후의 제기차기 기록을 나타낸 표입니다. 지후의 3회 때 제기차기 기록은 1회 때 기록의 2배보다 3번 적습니다. 지후의 제기차기 기록을 세로 눈금이 11칸인 막대그래프로 나타내려고 할 때, 막대그래프의 세로 눈금 한 칸은 적어도 몇 번을 나타내어야 하는지 구해 보세요.

지후의 제기차기 기록

회	1회	2회	3회	4회	합계
제기차기 기록(번)		21		30	102

❶ 위의 표를 완성해 보세요.

❷ 막대그래프의 세로 눈금 한 칸은 적어도 몇 번을 나타내어야 할까요?

(　　　　　　　　)

2 다음은 성민이가 4주 동안 받은 용돈을 막대그래프로 나타낸 것입니다. 성민이가 4주 동안 받은 용돈의 합이 12000원일 때 막대그래프의 세로 눈금 한 칸은 얼마를 나타내는지 구해 보세요.

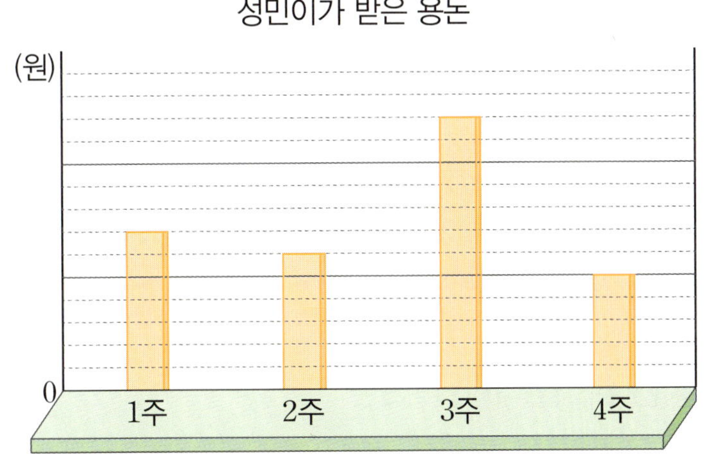

① 위 막대그래프에서 1주부터 4주까지의 막대의 세로 눈금은 모두 몇 칸일까요?

(   )

② 막대그래프의 세로 눈금 한 칸은 얼마를 나타낼까요?

(   )

막대의 세로 눈금 몇 칸이
12000원을 나타내는지 구해 보세요.

[1~4] 가희네 반 학급 문고에 있는 책의 종류를 조사하여 나타낸 막대그래프입니다. 물음에 답하세요.

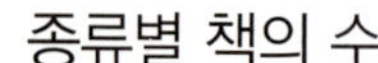

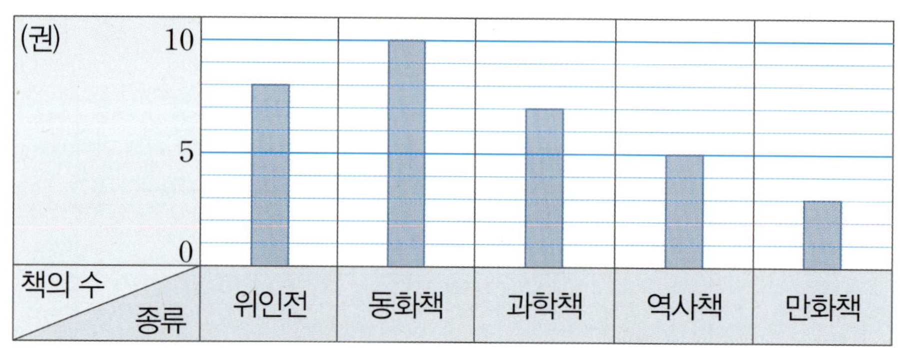

1 막대의 길이는 무엇을 나타낼까요?

(　　　　　　　　　　　　　)

2 막대그래프의 세로 눈금 한 칸은 몇 권을 나타낼까요?

(　　　　　　　　　　　　　)

3 가장 적은 책의 종류는 무엇일까요?

(　　　　　　　　　　　　　)

4 동화책은 과학책보다 몇 권 더 많을까요?

(　　　　　　　　　　　　　)

[5~7] 가은이가 문구점에서 산 학용품입니다. 물음에 답하세요.

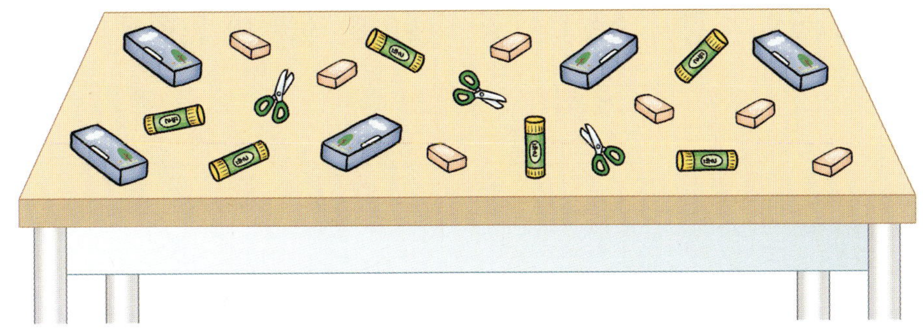

5 종류별 학용품의 수를 표로 정리해 보세요.

종류별 학용품 수

종류	풀	필통	가위	지우개	합계
학용품 수(개)					

6 위 **5**의 표를 보고 가로로 된 막대그래프로 나타내어 보세요.

종류별 학용품 수

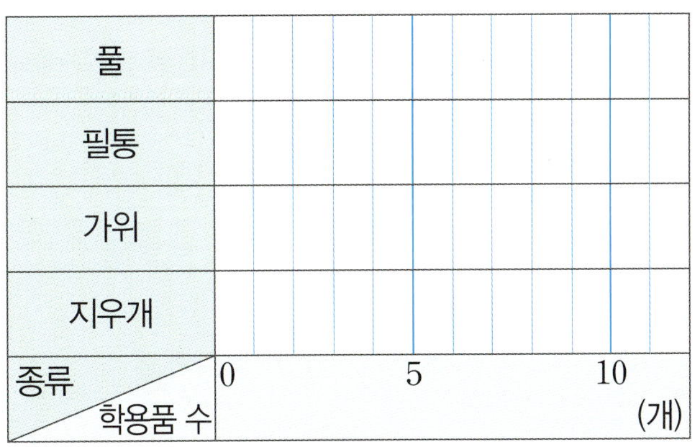

7 알맞은 말에 ◯표 하세요.

> 종류별 학용품 수의 많고 적음을 한눈에 알아보기에 더 편리한 것은
> (표 , 막대그래프)입니다.

[8~11] 어느 문화 센터의 강좌별 수강자 수를 조사하여 나타낸 막대그래프입니다. 영어 교실의 수강자 수는 춤 교실의 수강자 수보다 2명 적습니다. 물음에 답하세요.

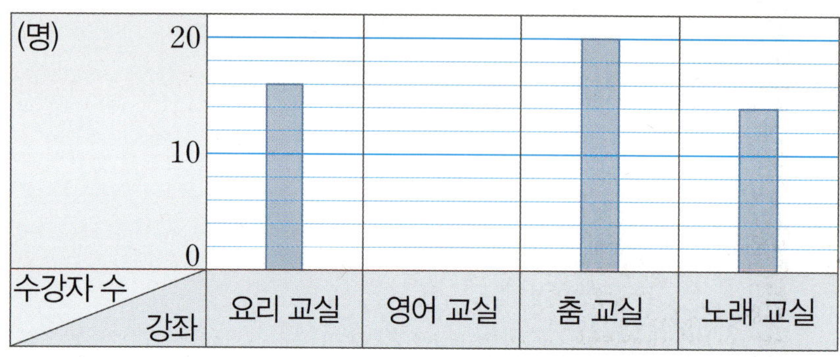

8 영어 교실의 수강자는 몇 명일까요?

(　　　　　　　　)

9 위의 막대그래프를 완성해 보세요.

10 수강자가 많은 강좌부터 차례로 써 보세요.

(　　　　　，　　　　　，　　　　　，　　　　　)

11 문화 센터의 전체 수강자 수를 구해 보세요.

(　　　　　　　　)

[12~15] 형우네 반 학생들이 좋아하는 우유 종류를 조사하여 나타낸 표입니다. 물음에 답하세요.

좋아하는 우유 종류별 학생 수

종류	바나나 맛 우유	초콜릿 맛 우유	딸기 맛 우유	흰 우유	합계
학생 수(명)	6	12		6	28

12 딸기 맛 우유를 좋아하는 학생은 몇 명일까요?

( )

13 위의 표를 보고 막대그래프로 나타낼 때 세로 눈금 한 칸을 2명으로 나타낸다면 세로 눈금은 적어도 몇 칸까지 있어야 할까요?

( )

14 가장 많은 학생들이 좋아하는 우유 종류와 가장 적은 학생들이 좋아하는 우유 종류의 학생 수의 차는 몇 명일까요?

( )

15 위의 표를 보고 막대그래프로 나타내어 보세요.

좋아하는 우유 종류별 학생 수

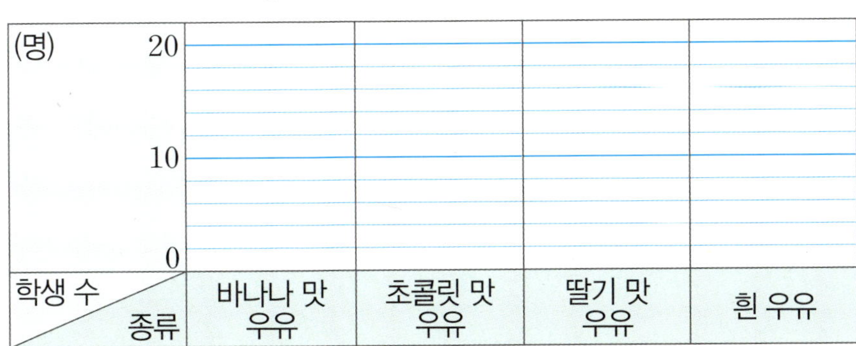

[16~17] 현수네 학교 4학년 반별 남학생 수와 여학생 수를 조사하여 나타낸 막대그래프입니다. 4학년 남학생 수는 여학생 수보다 6명 적습니다. 물음에 답하세요.

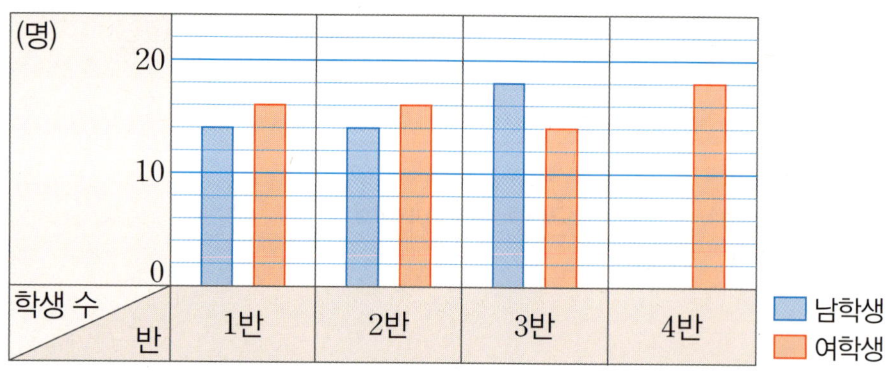

16 막대그래프를 완성해 보세요.

17 남학생 수와 여학생 수의 차가 가장 큰 반은 몇 반일까요?

(　　　　　　　　)

18 소희네 반 학생들이 좋아하는 놀이 기구를 조사하여 나타낸 표입니다. 표를 보고 막대그래프로 나타내려고 합니다. 대관람차를 좋아하는 학생이 범퍼카를 좋아하는 학생보다 4명 많을 때, 막대그래프의 세금 눈금 한 칸을 2명으로 나타낸다면 세로 눈금은 적어도 몇 칸까지 있어야 하는지 구해 보세요.

좋아하는 놀이 기구별 학생 수

놀이 기구	바이킹	회전목마	대관람차	범퍼카	합계
학생 수(명)	6	8			30

(　　　　　　　　)

특강　창의·융합 사고력

1　서울시 교육청은 학생들의 두발 자유화를 선언하고 학교들이 이를 반영할 수 있도록 추진하기로 했습니다. 빠르면 2019년 2학기부터 서울시 모든 중·고등학교 학생들이 학교 구성원의 합의에 따라 장발, 파마, 염색을 할 수 있게 됩니다. 두발 자유화를 선언하자 이를 둘러싼 찬반 공방이 치열합니다. 아래 기사를 보고 물음에 답하세요.

서울시 교육청은 2019년 2학기부터 중·고등학생의 머리카락의 길이나 파마, 염색을 제한하지 않겠다는 두발 자유화 방침을 밝혔습니다. 두발 자유화에 대하여 성인 100명의 생각을 들어 보니 '매우 찬성'이 14명, '찬성하는 편'이 30명, '반대하는 편'이 30명, '매우 반대'가 26명이었습니다.

(1) 기사 내용을 표로 정리해 보세요.

두발 자유화에 대한 의견별 사람 수

의견	매우 찬성	찬성하는 편	반대하는 편	매우 반대	합계
사람 수(명)					

(2) 위 표를 보고 막대그래프로 나타내어 보세요.

두발 자유화에 대한 의견별 사람 수

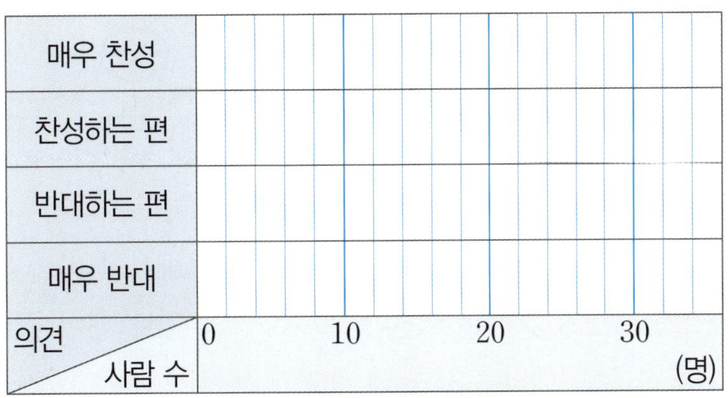

6 규칙 찾기

피보나치 수열

레오나르도 피보나치는 1170년에 태어난 이탈리아의 수학자로, 피보나치 수에 대한 연구로 유명해진 사람입니다.

어떤 수를 나열할 때 앞의 두 수의 합이 바로 뒤의 수가 되는 규칙을 피보나치(Fibonacci) 수열이라고 합니다.

피보나치 수열은 자연 속에서도 찾아볼 수 있습니다. 한 쌍의 토끼가 계속 새끼를 낳을 경우 불어나는 토끼의 수를 이용하여 피보나치 수열에 대해 알아볼까요?

☆ 토끼의 수로 알아보는 피보나치 수열

"어떤 농부가 방금 태어난 토끼 한 쌍을 가지고 있었어. 이 한 쌍의 토끼는 두 달 후부터 매달 암수 한 쌍의 새끼를 낳고, 절대로 죽지 않는다고 가정하자. 그리고 새로 태어난 토끼도 태어난 지 두 달 후부터는 매달 한 쌍씩 암수 새끼를 낳는다면 5개월 후에는 모두 몇 쌍의 토끼가 있을까?"

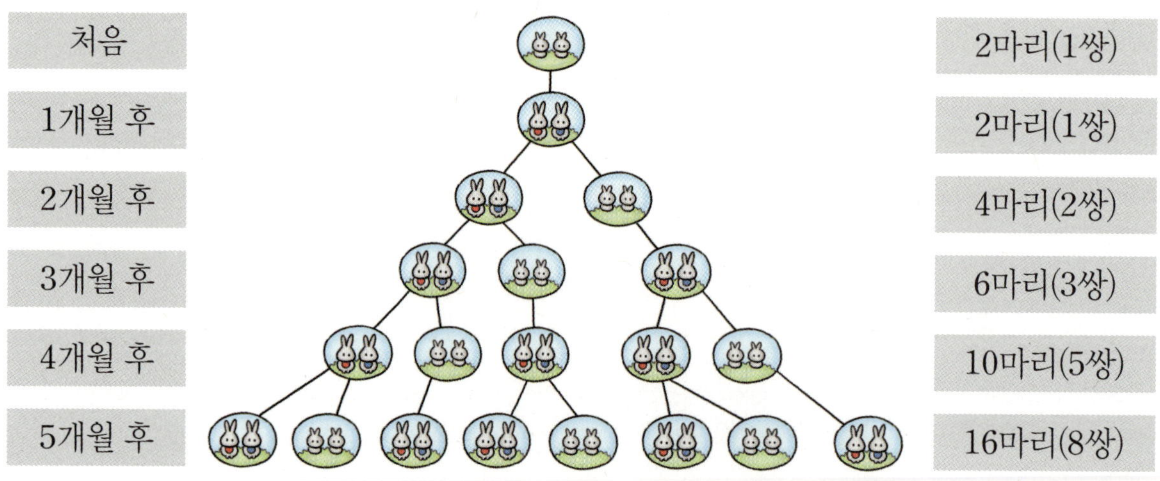

위의 그림처럼 1개월 후에는 한 쌍의 토끼(1), 2개월 후에는 어른이 된 토끼 한 쌍과 새로 태어난 토끼 한 쌍(2), 3개월 후에는 어른 토끼 두 쌍과 새로 태어난 토끼 한 쌍이 있어 모두 세 쌍(3)이 됩니다. 이렇게 매달 토끼가 몇 쌍인지 세어 보면 1, 1, 2, 3, 5, 8……이 됩니다. 이와 같이 앞의 두 수의 합이 바로 뒤의 수가 되는 수의 배열을 피보나치 수열이라고 합니다.

 오른쪽 앵무조개의 껍질에서도 피보나치 수열을 찾을 수 있습니다.

다음은 앵무조개의 껍질의 단면을 따라 그린 것입니다. 표시한 부분의 길이를 각각 자로 재어 보고 피보나치 수열을 완성해 보세요.

▲ 앵무조개

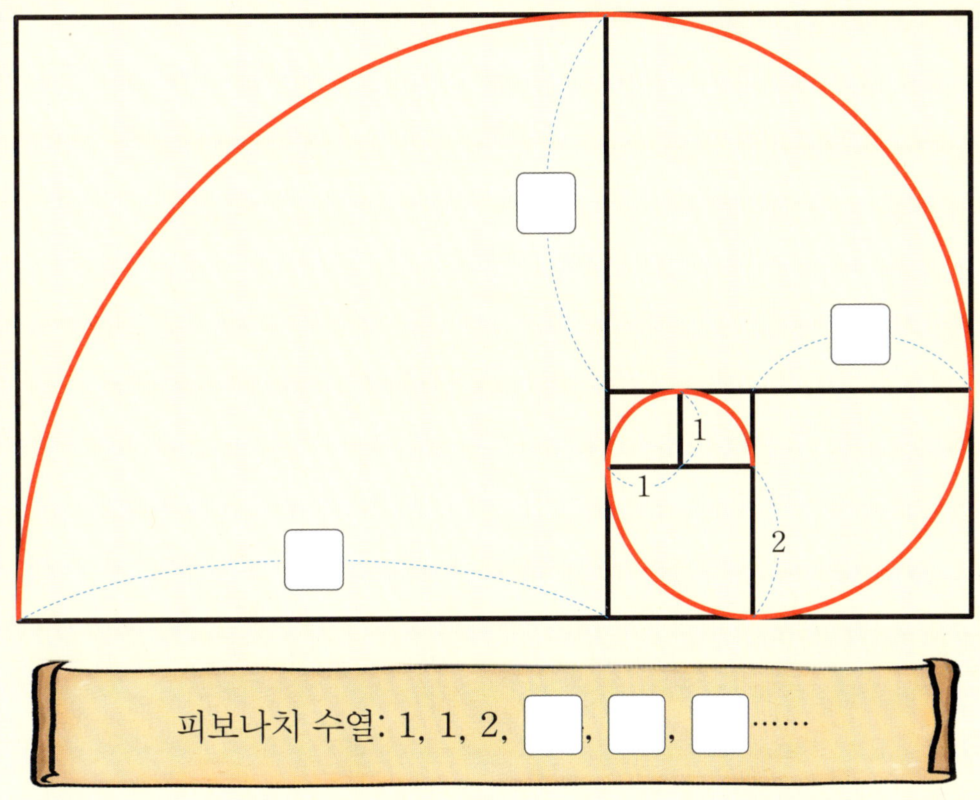

피보나치 수열: 1, 1, 2, ☐, ☐, ☐ ……

피보나치 수열의 규칙에 따라 표를 완성해 보세요.

순서	첫째	둘째	셋째	넷째	다섯째
식	1	1	1+1	1+2	2+3
수	1	1	2	3	5

순서	여섯째	일곱째	여덟째	아홉째	열째
식	3+5	5+8			
수	8	13			

개념 1 수 배열표에서 규칙 찾기

101	201	301	401	501
111	211	311	411	511
121	221	321	421	521
131	231	331	431	531
141	241	341	441	541

→ 가로(→)는 101부터 시작하여 오른쪽으로 100씩 커집니다.

세로(↓)는 101부터 시작하여 아래쪽으로 10씩 커집니다.

↘ 방향은 101부터 시작하여 110씩 커집니다.

개념 2 수의 배열에서 규칙 찾기

• 수의 배열에서 규칙 찾기

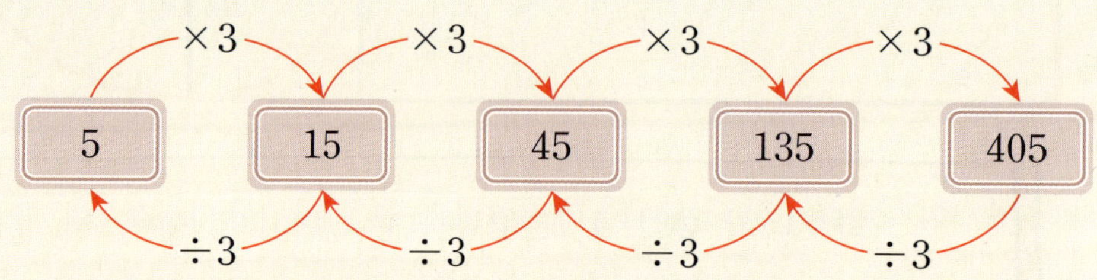

→ 5부터 시작하여 3씩 곱한 수가 오른쪽에 있습니다.

405에서부터 왼쪽으로 3씩 나누는 규칙이 있습니다.

• 수 배열표의 수의 배열에서 규칙 찾기

	11	12	13	14
1	2	3	4	5
2	3	4	5	6
3	4	5	6	7
4	5	6	7	8

$11+1=12$, $12+1=13$,
$13+1=14$, $14+1=15$ ……
→ 두 수의 덧셈 결과에서 일의 자리 숫자를 쓰는 규칙입니다.

개념 확인 문제

1-1 수 배열표의 규칙에 따라 빈칸에 알맞은 수를 써넣으세요.

5	10	15	20	25	30	35	40
45	50	55	60		70	75	80
85	90	95				115	120
125	130	135	140	145	150	155	
165	170			185	190	195	200

1-2 수 배열표를 보고 물음에 답하세요.

1000	1100	1200	1300	1400	1500
2000	2100	2200		2400	2500
3000		3200	3300	3400	
4000			4300		4500

(1) 위의 빈칸에 알맞은 수를 써넣으세요.

(2) 색칠된 칸에서 규칙을 찾아 쓴 것입니다. □ 안에 알맞은 수를 써넣고 알맞은 말에 ○표 하세요.

> 색칠된 칸은 1000부터 시작하여 ↘ 방향으로 [　　] 씩
> (커지는 , 작아지는) 규칙입니다.

2-1 수 배열의 규칙에 따라 빈칸에 알맞은 수를 써넣으세요.

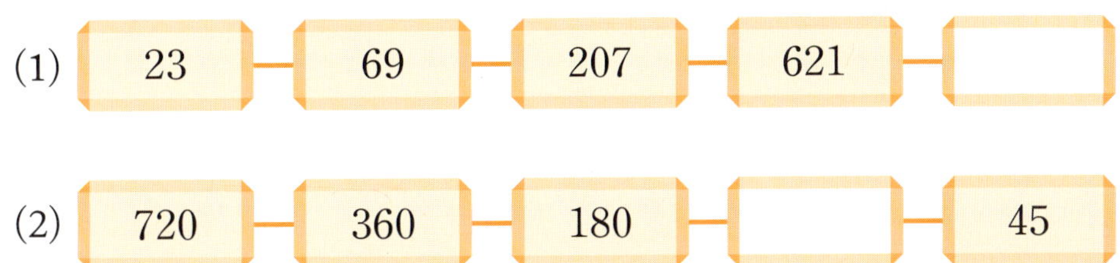

개념 3 도형의 배열에서 규칙 찾기

- 도형의 배열에서 수의 규칙 찾기

첫째   둘째   셋째   넷째

① 모형의 수가 1개에서 시작하여 3개, 5개, 7개……씩 더 늘어납니다.

순서	첫째	둘째	셋째	넷째
모형의 수(개)	1	4	9	16

+3   +5   +7

② 다섯째에 알맞은 도형에서 모형의 수는 25개이고 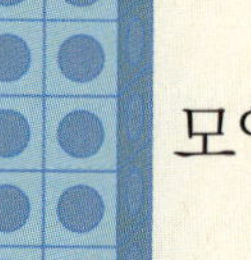 모양입니다.

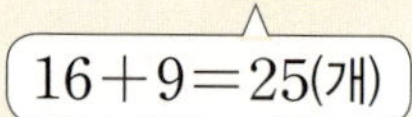
16＋9＝25(개)

- 도형의 배열에서 모양의 변화 규칙 찾기

첫째   둘째   셋째   넷째

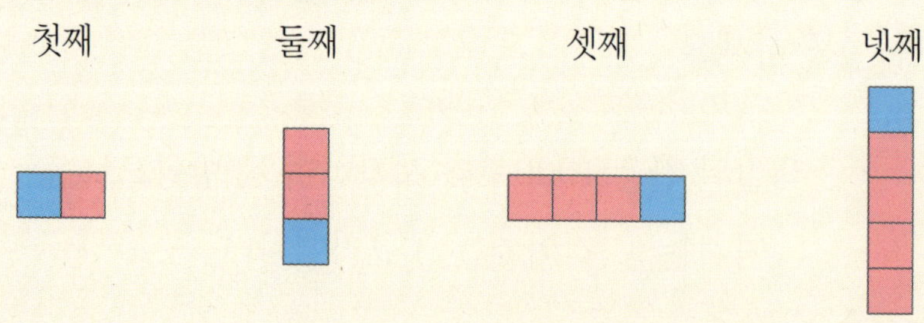

① 하늘색 사각형을 중심으로 시계 반대 방향으로 90°만큼씩 돌리기 하며 분홍색 사각형의 수가 1개, 2개, 3개……로 늘어납니다.

순서	첫째	둘째	셋째	넷째
사각형의 수(개)	2	3	4	5

② 다섯째에 알맞은 도형의 모양은 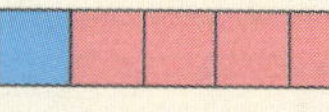 입니다.

3-1 모형으로 만든 모양의 배열을 보고 물음에 답하세요.

첫째   둘째   셋째   넷째   다섯째

?

(1) 모양의 배열에서 규칙을 찾아 ☐ 안에 알맞은 수를 써넣으세요.

모형의 수가 1개에서 시작하여 ☐개씩 늘어납니다.

(2) 다섯째에 알맞은 모양에서 모형의 수는 몇 개인지 구해 보세요.

(   )

(3) 다섯째에 알맞은 모양을 그려 보세요. (단, 모형 을 ☐로 그립니다.)

다섯째

3-2 바둑돌의 배열을 보고 다섯째에 알맞은 모양에서 바둑돌의 수를 구해 보세요.

첫째   둘째   셋째   넷째

(   )

개념 **4** 계산식에서 규칙 찾기

- 덧셈식과 뺄셈식에서 규칙 찾기

덧셈식	뺄셈식
$102 + 203 = 305$	$583 - 152 = 431$
$112 + 213 = 325$	$683 - 252 = 431$
$122 + 223 = 345$	$783 - 352 = 431$

① 덧셈식: 십의 자리 수가 각각 1씩 커지는 두 수의 합은 20씩 커집니다.

② 뺄셈식: 같은 자리의 수가 똑같이 커지는 두 수의 차는 항상 일정합니다.

- 곱셈식과 나눗셈식에서 규칙 찾기

곱셈식	나눗셈식
$10 \times 10 = 100$	$110 \div 11 = 10$
$20 \times 10 = 200$	$220 \div 11 = 20$
$30 \times 10 = 300$	$330 \div 11 = 30$

① 곱셈식: 10, 20, 30……과 같이 10씩 커지는 수에 10을 곱하면 계산 결과는 100씩 커집니다.

② 나눗셈식: 110, 220, 330……과 같이 110씩 커지는 수를 11로 나누면 계산 결과는 10씩 커집니다.

- 복잡한 계산식에서 규칙 찾기

순서	계산식
첫째	$12345679 \times 9 = 111111111$
둘째	$12345679 \times 18 = 222222222$
셋째	$12345679 \times 27 = 333333333$
넷째	$12345679 \times 36 = 444444444$

→ 12345679에 9, 18, 27, 36……과 같이 9의 배수를 곱하면 계산 결과는 111111111씩 커집니다.

4-1 보기의 계산식을 보고 설명에 맞는 계산식을 찾아 기호를 써 보세요.

보기

㉠
$630+150=780$
$530+150=680$
$430+150=580$
$330+150=480$

㉡
$156+214=370$
$256+314=570$
$356+414=770$
$456+514=970$

㉢
$304+103=407$
$314+113=427$
$324+123=447$
$334+133=467$

백의 자리 수가 각각 1씩 커지는 두 수의 합은 200씩 커집니다.

(   )

4-2 보기의 계산식을 보고 물음에 답하세요.

보기

㉠
$200 \div 10 = 20$
$400 \div 20 = 20$
$600 \div 30 = 20$
$800 \div 40 = 20$

㉡
$30 \times 11 = 330$
$40 \times 11 = 440$
$50 \times 11 = 550$
$60 \times 11 = 660$

㉢
$120 \div 12 = 10$
$240 \div 12 = 20$
$360 \div 12 = 30$
$480 \div 12 = 40$

(1) 설명에 맞는 계산식을 찾아 기호를 써 보세요.

나누는 수는 같고 나누어지는 수만 120씩 커지면 몫은 10씩 커집니다.

(   )

(2) 민현이의 생각과 같은 규칙적인 계산식을 찾아 기호를 써 보세요.

(   )

개념 5 등호를 사용하여 식으로 나타내기

등호 '='는 왼쪽과 오른쪽의 두 양(값)이 같다는 것을 나타냅니다.
크기가 같은 두 양을 등호(=)를 사용하여 $5+1=2+4$와 같이 식으로 나타낼 수 있습니다.

- 저울의 양쪽 무게가 같은 경우를 찾고, 이를 등호(=)를 사용하여 식으로 나타내기

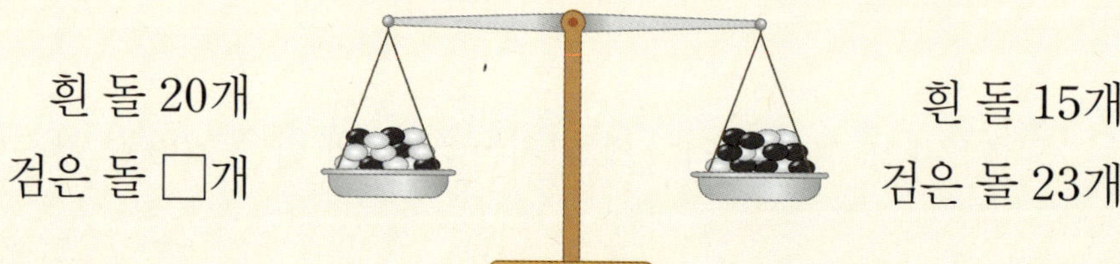

흰 돌 20개와 15개를 비교하면 5개의 차이가 나므로 □는 23보다 5만큼 더 작아야 합니다. ➡ □=18

$$20+\boxed{18}=15+23$$

개념 6 규칙적인 계산식 찾기

- 달력에서 규칙적인 계산식 찾기

일	월	화	수	목	금	토
		1	2	3	4	5
6	7	8	9	10	11	12
13	14	15	16	17	18	19
20	21	22	23	24	25	26
27	28	29	30	31		

① $13+7=20$, $14+7=21$, $15+7=22$, $16+7=23$,
$17+7=24$, $18+7=25$, $19+7=26$
　➡ 아래쪽으로 7씩 커집니다.

② $13+14+15=14\times3$, $17+18+19=18\times3$, $20+21+22=21\times3$ ……
　➡ 연속된 세 수의 합은 가운데 수의 3배입니다.

개념 확인 문제

5-1 ☐ 안에 알맞은 수를 써넣고, 등호를 사용한 식을 완성하세요.

(1)
흰 돌: 10개
검은 돌: ☐ 개

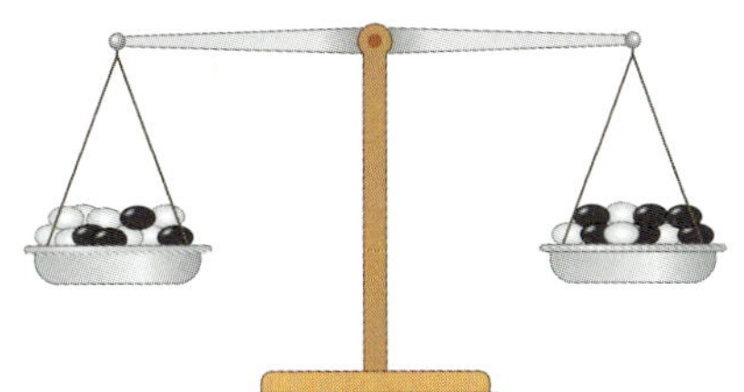

흰 돌: 13개
검은 돌: 13개

$$10 + \boxed{} = 13 + 13$$

(2)
검은 돌: 18개
덜어 낸 돌: ☐ 개

검은 돌: 20개
덜어 낸 돌: 12개

$$18 - \boxed{} = 20 - 12$$

6-1 달력을 보고 ☐ 안에 알맞은 수를 써넣으세요.

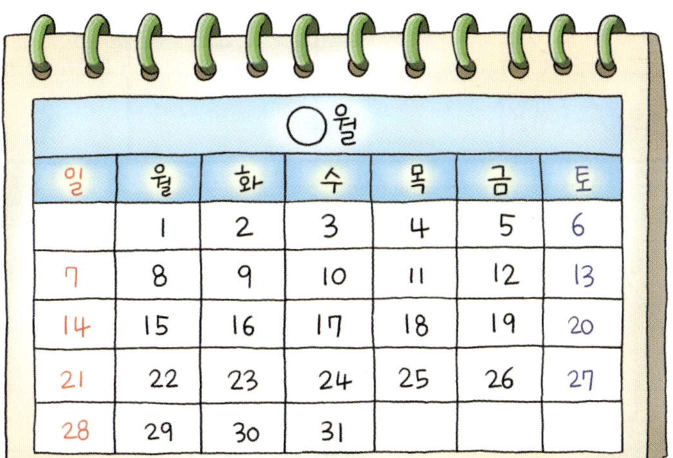

(1)
$$14 - 7 = \boxed{}$$
$$15 - 8 = \boxed{}$$
$$16 - 9 = \boxed{}$$
$$17 - 10 = \boxed{}$$

(2)
$$14 + 21 + 28 = 21 \times \boxed{}$$
$$15 + 22 + 29 = 22 \times \boxed{}$$
$$16 + 23 + 30 = 23 \times \boxed{}$$
$$17 + 24 + 31 = 24 \times \boxed{}$$

바둑판에 바둑돌을 일정한 규칙에 따라 늘어놓고 있어요. 규칙을 찾아 표를 완성하고, 넷째와 여섯째에 알맞은 모양을 붙임딱지를 붙여 완성해 보세요.

순서	첫째	둘째	셋째	넷째
전체 바둑돌의 수 (개)	2×2=4	3×3=9	4×4=16	
흰색 바둑돌의 수 (개)	1	3		
검은색 바둑돌의 수 (개)				

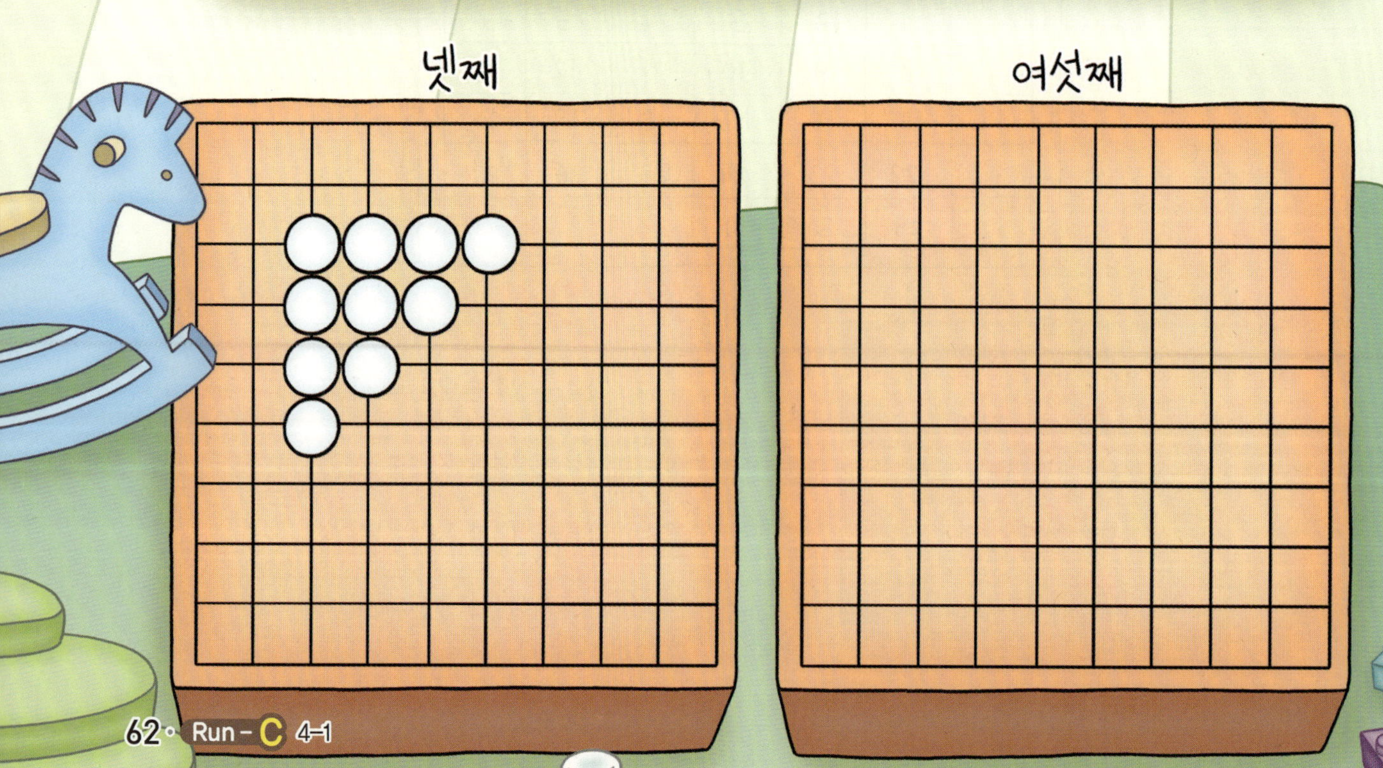

유정이는 블록을 규칙적으로 배열하여 블록 가방을 꾸미려고 합니다.
규칙을 찾아 붙임딱지를 붙여서 블록 가방을 꾸며 보세요.

쌓기나무를 쌓은 규칙을 찾아 넷째에 알맞게 쌓기나무 붙임딱지를 붙여 보세요.

준비물 ◀ 붙임딱지

'파스칼의 삼각형'이란 자연수를 삼각형 모양으로 배열한 것을 말합니다. 수 배열의 규칙을 찾아 빈 곳에 알맞은 붙임딱지를 붙여 나무와 규칙을 완성해 보세요.

붙임딱지를 붙여서 2로 시작하는 나만의 파스칼의 삼각형을 만들어 보고, 규칙을 써 보세요.

3
주
교과서

2
2 2
2 4 2
2 2
2 2

규 칙
① 각 줄의 처음과 끝은 항상 ⬡ 입니다.
②

개념 1 수 배열표에서 규칙 찾기

01 수 배열표를 보고 물음에 답하세요.

205	215	225	235	245
305	315	325	335	345
405	415	425	435	445
505	515	525	535	545
605	615	625	635	645

(1) ☐ 로 표시된 칸에서 규칙을 찾아보세요.

> 305부터 오른쪽으로 ☐ 씩 커집니다.

(2) 색칠된 칸에서 규칙을 찾아보세요.

> 605부터 ↗ 방향으로 ☐ 씩 작아집니다.

02 수 배열표에서 규칙을 찾아 ⭐에 알맞은 수를 구해 보세요.

25681	25682	25683	25684
35681	35682	35683	35684
45681	45682	45683	45684
55681	55682	55683	55684

(   )

개념 2 **수의 배열에서 규칙 찾기**

03 덧셈을 이용한 수 배열표입니다. 규칙적인 수의 배열에서 ㉠과 ㉡에 알맞은 수를 각각 구해 보세요.

	2374	2376	2378	2380	2382
22	6	8	0	2	4
24	8	0	2	㉠	6
26	0	2	4	6	8
28	2	4	㉡	8	0
30	4	6	8	0	2

㉠ (   ), ㉡ (   )

04 수 배열의 규칙에 따라 빈 곳에 알맞은 수를 써넣으세요.

05 수 배열의 규칙에 따라 빈 곳에 알맞은 수를 써넣으세요.

개념3 도형의 배열에서 규칙 찾기

06 규칙에 따라 다섯째에 알맞은 도형을 그리고 규칙을 찾아보세요.

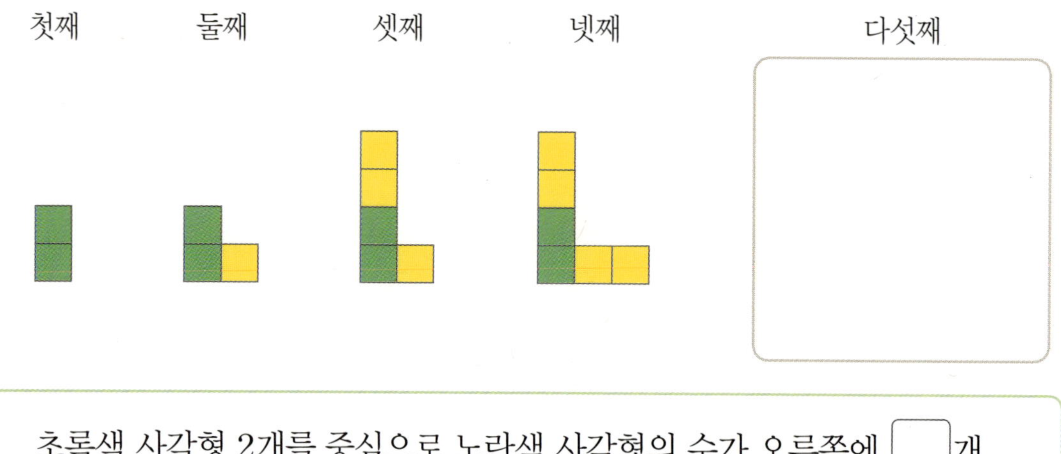

초록색 사각형 2개를 중심으로 노란색 사각형의 수가 오른쪽에 ☐ 개, 위쪽에 ☐ 개씩 번갈아 가면서 늘어납니다.

07 규칙에 따라 넷째에 알맞은 도형을 그리고 ☐ 안에 알맞은 수를 써넣으세요.

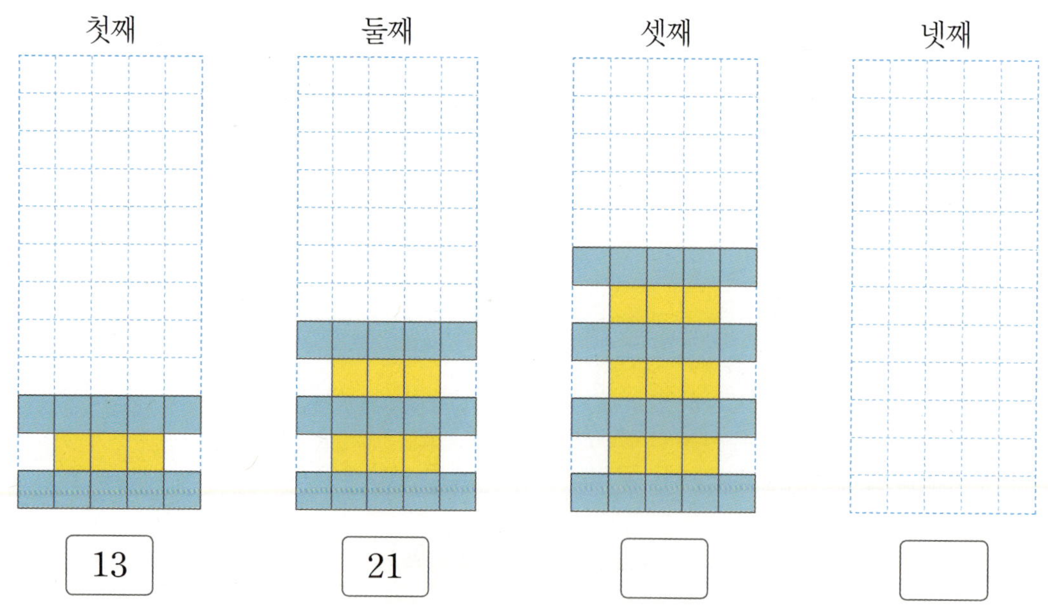

개념 4 덧셈식과 뺄셈식에서 규칙 찾기

08 계산식을 보고 어떤 규칙이 있는지 ☐ 안에 알맞은 수를 써넣으세요.

$1+1-2=0$
$2+2-2=2$
$3+3-2=4$
$4+4-2=6$

1씩 커지는 같은 수를 2번 더한 후 ☐를 빼면 계산 결과는 ☐씩 커집니다.

09 규칙적인 계산식을 보고 넷째 빈칸에 알맞은 계산식을 써넣으세요.

순서	계산식
첫째	$12-1=11$
둘째	$123-12=111$
셋째	$1234-123=1111$
넷째	

10 계산식을 보고 규칙에 따라 계산 결과가 36이 되는 계산식을 써 보세요.

순서	계산식
첫째	$1+2+1=4$
둘째	$1+2+3+2+1=9$
셋째	$1+2+3+4+3+2+1=16$
넷째	$1+2+3+4+5+4+3+2+1=25$

계산식 ____________________

개념 5 곱셈식과 나눗셈식에서 규칙 찾기

11 계산식의 일부가 지워져 있습니다. 계산식 배열의 규칙에 맞게 지워져 보이지 <u>않는</u> 계산식을 써 보세요.

$$3 \times 102 = 306$$
$$3 \times 1002 = 3006$$
$$3 \times 10002 = 30006$$
$$3 \times 100002 = 300006$$

$$3 \times 10000002 = 30000006$$

계산식 _______________________________

12 규칙적인 계산식을 보고 물음에 답하세요.

순서	계산식
첫째	$111111 \div 111 = 1001$
둘째	$222222 \div 111 = 2002$
셋째	$333333 \div 111 = 3003$
넷째	

(1) 넷째 빈칸에 알맞은 계산식을 써 보세요.

계산식 _______________________________

(2) 규칙에 따라 계산 결과가 6006이 되는 계산식을 써 보세요.

계산식 _______________________________

개념 6 **규칙적인 계산식 찾기**

13 수 배열표를 보고 규칙적인 계산식을 찾은 것입니다. ☐ 안에 알맞은 식을 써넣으세요.

112	113	114	115	116	117
118	119	120	121	122	123

$$112+119=113+118$$
$$113+120=114+119$$

☐

☐

14 보기 의 규칙을 이용하여 나누는 수가 5일 때의 계산식을 2개 더 써 보세요.

보기

$$4\div4=1$$
$$16\div4\div4=1$$
$$64\div4\div4\div4=1$$

계산식

$$5\div5=1$$

15 승강기 버튼의 수 배열에서 보기 와 같이 세 수를 골라 규칙적인 계산식을 만들어 보세요.

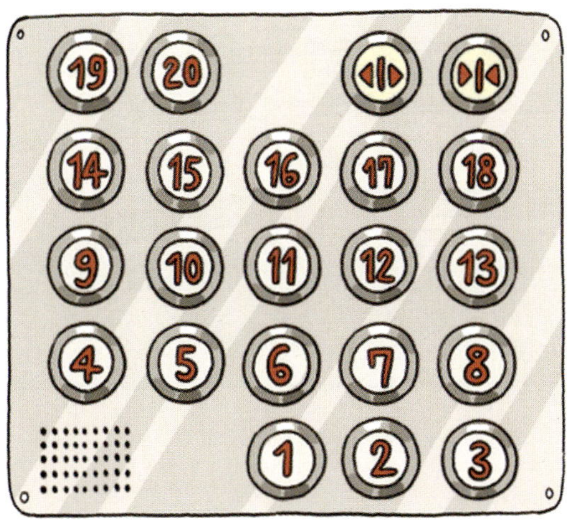

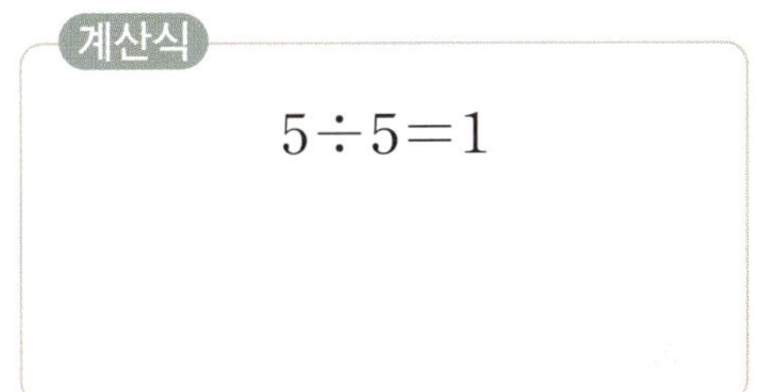

보기

$$1+7+13=7\times3$$

계산식

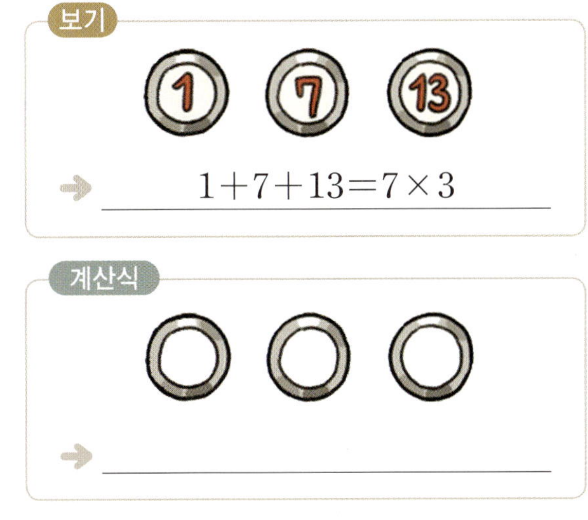

★ **실생활의 수 배열에서 규칙 찾기**

1 영화관의 좌석 번호를 보고 규칙을 찾아 빈 곳에 알맞은 좌석 번호를 써넣으세요.

> **개념 피드백** 알파벳과 수의 조합으로 이루어진 영화관 좌석표에서 알파벳과 수의 규칙을 각각 알아봅니다.
> 가로와 세로로 보았을 때 각각 어느 부분이 바뀌는지 확인합니다.

1-1 영주와 가은이는 축구장에 갔습니다. 영주와 가은이의 좌석 번호를 찾아보세요.

영주 (   )

가은 (   )

★ 수 배열의 규칙을 찾아 알맞은 수 구하기

2 수 배열의 규칙에 따라 ㉠에 알맞은 수를 구해 보세요.

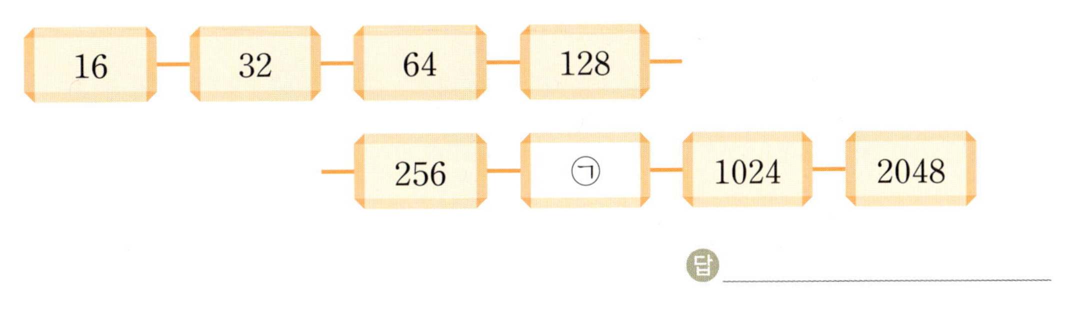

답 ___________________

개념 피드백
① 수의 크기가 커지면 덧셈 또는 곱셈을 이용하여 규칙을 찾아봅니다.
② 수의 크기가 작아지면 뺄셈 또는 나눗셈을 이용하여 규칙을 찾아봅니다.

2-1 수 배열의 규칙을 찾아 □ 안에 알맞은 수를 써넣고 ㉠에 알맞은 수를 구해 보세요.

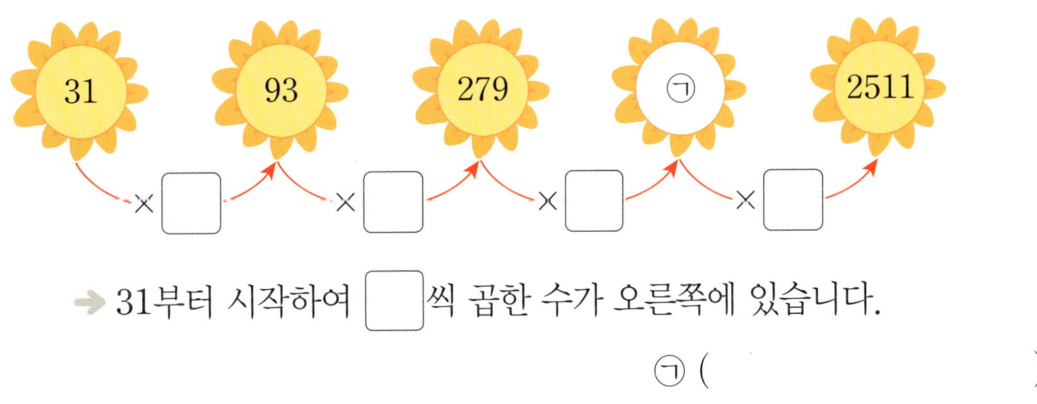

➡ 31부터 시작하여 □씩 곱한 수가 오른쪽에 있습니다.

㉠ (   )

2-2 수 배열의 규칙에 따라 빈칸에 알맞은 수를 써넣으세요.

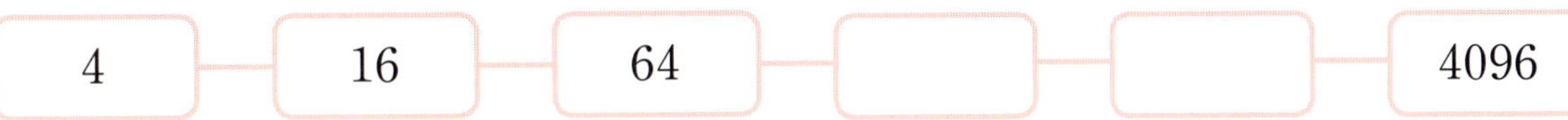

★ 수 배열표에서 조건을 만족하는 수 찾기

3 수 배열표를 보고 조건을 만족하는 규칙적인 수의 배열을 찾아 색칠해 보세요.

조건

• 가장 큰 수는 41305입니다.

• ↘ 방향으로 다음 수는 앞의 수보다 1010씩 커집니다.

37265	37275	37285	37295	37305
38265	38275	38285	38295	38305
39265	39275	39285	39295	39305
40265	40275	40285	40295	40305
41265	41275	41285	41295	41305

개념 피드백
① 어떤 수들이 배열되어 있는지 살펴보고 규칙을 찾습니다.
② 주어진 두 가지 조건을 모두 만족하는 수의 배열을 찾습니다.

3-1 수 배열표를 보고 조건을 만족하는 규칙적인 수의 배열을 찾아 색칠해 보세요.

조건

• 2, 4, 6, 8, 10씩 커집니다.

• 가장 큰 수는 46입니다.

1	3	7	13	21	31
2	4	8	14	22	32
4	6	10	16	24	34
7	9	13	19	27	37
11	13	17	23	31	41
16	18	22	28	36	46

★ 도형의 배열에서 규칙을 찾아 도형 그리기

4 도형의 배열을 보고 다섯째에 알맞은 도형을 그리고, 사각형의 수를 구해 보세요.

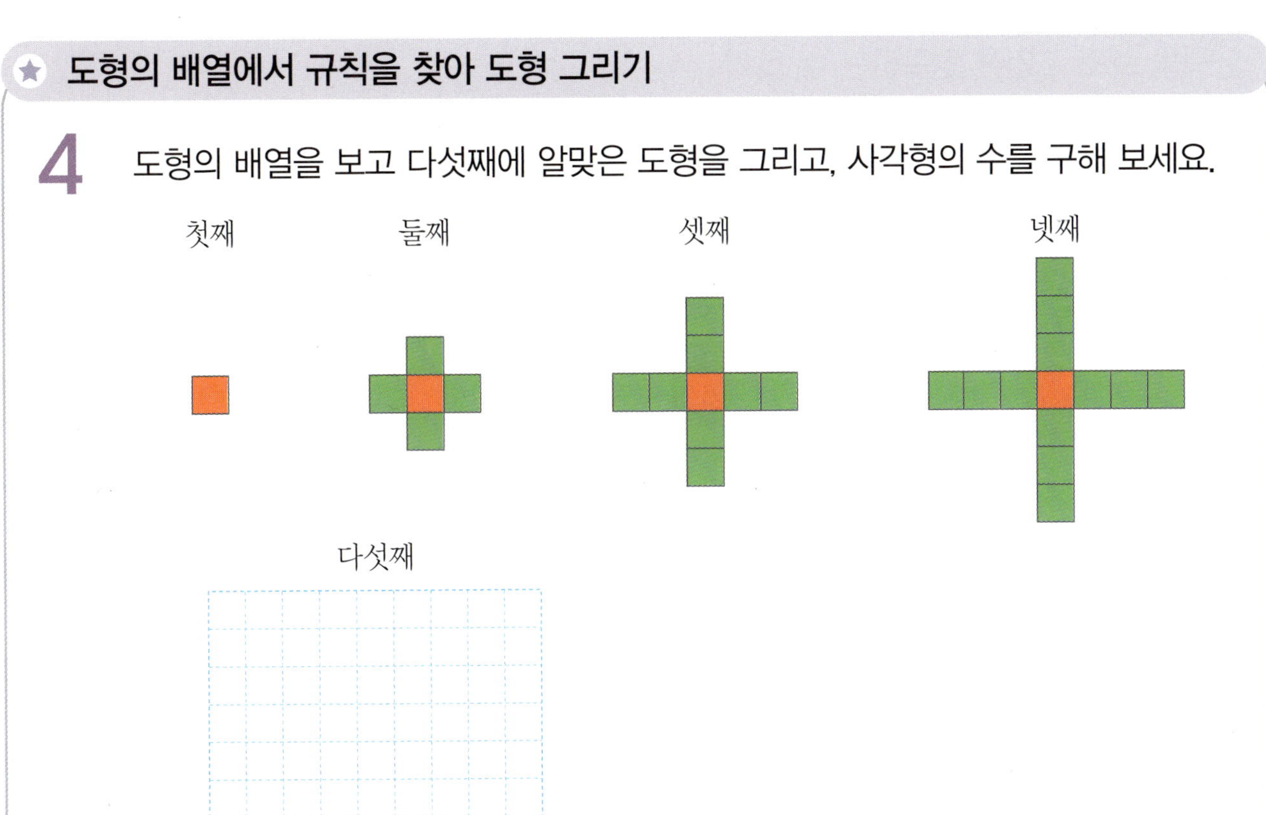

① 기준이 되는 도형을 찾습니다.
② 새로 놓인 도형의 모양과 방향, 늘어나는 개수를 알아봅니다.

4-1 규칙에 따라 넷째와 여섯째에 알맞은 도형을 각각 그려 보세요.

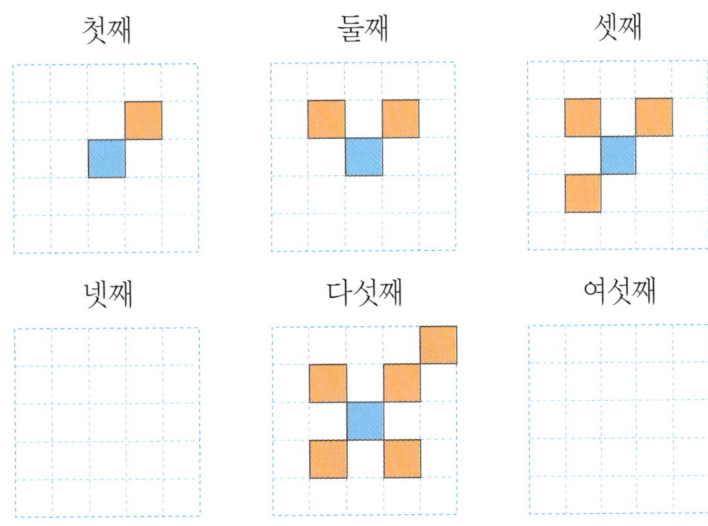

★ 달력을 보고 조건을 만족하는 수 찾기

5 달력을 보고 조건 을 만족하는 수를 찾아보세요.

일	월	화	수	목	금	토
	1	2	3	4	5	6
7	8	9	10	11	12	13
14	15	16	17	18	19	20
21	22	23	24	25	26	27
28	29	30				

조건

• ➕ 안에 있는 수 중의 하나입니다.

• ➕ 안에 있는 5개의 수의 합을 5로 나눈 몫과 같습니다.

답 ______________________

개념 피드백

① 조건을 보고 ➕ 안에 있는 수들의 합을 구합니다.

② 구한 합을 5로 나누어 두 가지 조건을 모두 만족하는 수를 찾습니다.

5-1 달력을 보고 조건 을 만족하는 수를 찾아보세요.

일	월	화	수	목	금	토
		1	2	3	4	5
6	7	8	9	10	11	12
13	14	15	16	17	18	19
20	21	22	23	24	25	26
27	28	29	30			

조건

• 안에 있는 수 중의 하나입니다.

• 안에 있는 5개의 수의 합을 5로 나눈 몫과 같습니다.

(   )

★ **계산식에서 규칙 찾기**

6 계산식의 규칙에 따라 ☐ 안에 알맞은 수를 써넣으세요.

$$6+8+10=8\times 3$$
$$6+8+10+12+14=10\times 5$$
$$6+8+10+12+14+16+18=\boxed{}\times 7$$
$$6+8+10+12+14+16+18+20+22=\boxed{}\times\boxed{}$$

개념 피드백
① 계산식에서 등호(=)를 기준으로 왼쪽 식과 오른쪽 식의 규칙을 찾아봅니다.
② 계산식의 규칙에 따라 ☐ 안에 알맞은 수를 써넣습니다.

6-1 계산식을 보고 물음에 답하세요.

$$1+3=2\times 2$$
$$1+3+5=3\times 3$$
$$1+3+5+7=4\times 4$$
$$1+3+5+7+9=5\times 5$$

(1) 규칙을 찾아 ☐ 안에 알맞은 수를 써넣으세요.

1부터 시작하여 홀수를 차례로 2개, ☐개, ☐개, ☐개……씩
더한 결과는 더한 홀수의 개수를 ☐번 곱한 결과와 같습니다.

(2) 계산식의 규칙에 따라 ☐ 안에 알맞은 수를 써넣으세요.

$$1+3+5+7+9+11+13+15=\boxed{}\times\boxed{}$$

1 일부가 찢어진 수 배열표를 보고 수 배열의 규칙에 따라 ■에 알맞은 수를 구해 보세요.

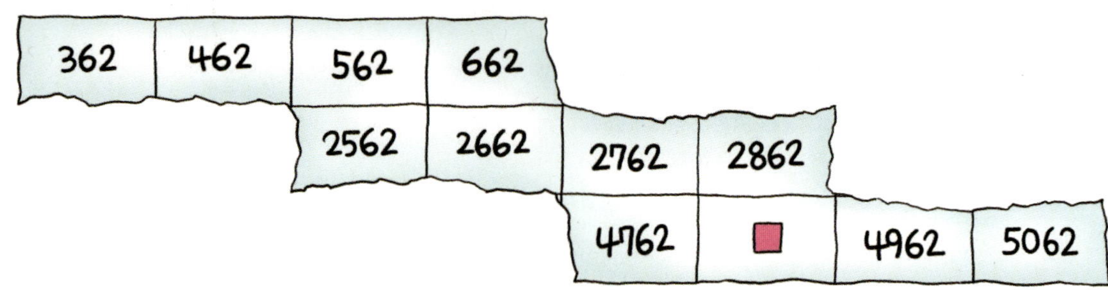

해결하기 가로(→)는 오른쪽으로 [ ]씩 커지고, 세로(↓)는 아래쪽으로 [ ]씩 커지는 규칙이므로 ■에 알맞은 수는 2862보다 [ ]만큼 더 큰 수인 [ ]입니다.

답 구하기 ____________________

2 규칙적인 수의 배열에서 ㉠과 ㉡에 알맞은 수를 각각 구해 보세요.

1000	800	600	400
	1300	1100	900	㉠
	㉡	1800	1600

해결하기

____

____

____

____

답 구하기 ㉠ ____________________ , ㉡ ____________________

3 도형의 배열에서 규칙을 찾고 다섯째에 알맞은 도형을 그려 보세요.

첫째　　둘째　　셋째　　넷째　　　　　다섯째

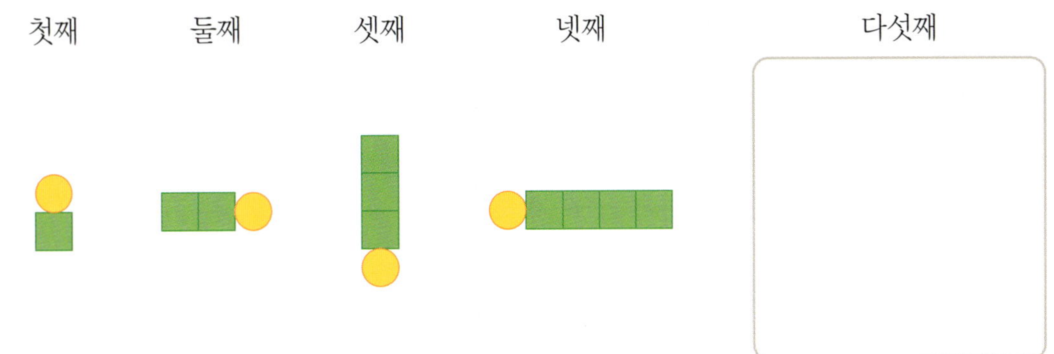

해결하기 도형의 배열에서 규칙을 찾아보면 노란색 원을 중심으로 (시계 , 시계 반대)

방향으로 90°만큼씩 돌리기 하며 초록색 사각형의 수가 ☐개씩 늘어납니다.

따라서 다섯째에 알맞은 도형은 노란색 원이 (위쪽 , 오른쪽 , 아래쪽 , 왼쪽)에

있고 초록색 사각형이 세로로 ☐개 있는 모양입니다.

4 도형의 배열에서 규칙을 찾고 다섯째에 알맞은 도형을 그려 보세요.

첫째　　둘째　　셋째　　넷째　　　　다섯째

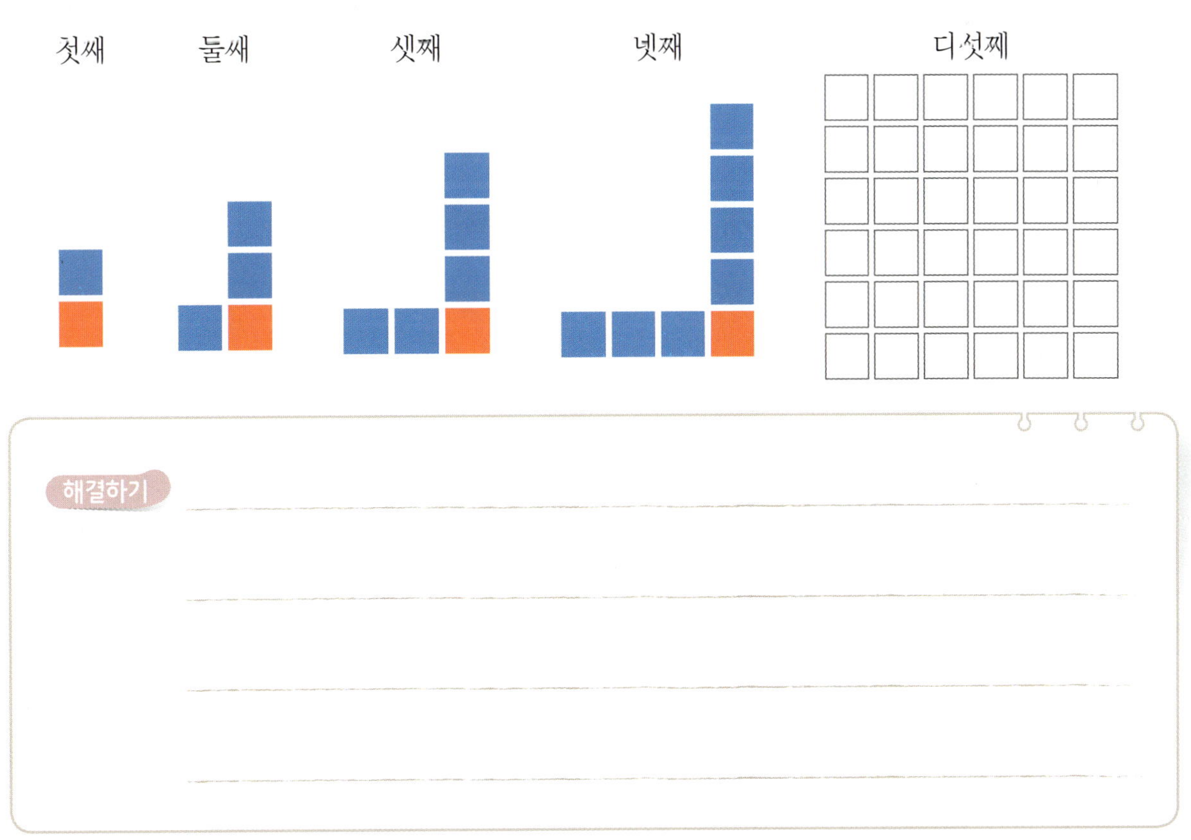

해결하기

준비물 모양 틀

수 배열표에서 색칠한 수의 합을 구하고, 규칙을 찾아 곱셈식을 완성해 보세요.

1	2	3	4	5	6	7	8	9	10
11	12	13	14	15	16	17	18	19	20
21	22	23	24	25	26	27	28	29	30
31	32	33	34	35	36	37	38	39	40
41	42	43	44	45	46	47	48	49	50
51	52	53	54	55	56	57	58	59	60

34	35	36
44	45	46
54	55	56

안의 9개의 수의 합 ➡ $45 \times 9 = \boxed{}$

안의 5개의 수의 합 ➡ $18 \times \boxed{} = \boxed{}$

1	2	3
11	12	13
21	22	23

안의 8개의 수의 합 ➡ $12 \times \boxed{} = \boxed{}$

48	49	50
58	59	60

안의 6개의 수의 합 ➡ $\boxed{} \times 3 = \boxed{}$

달력에서 왼쪽과 같은 규칙을 찾아 다양한 모양 틀을 대어 보고, 각 모양 안의 수의 합을 곱셈
식으로 나타내어 보세요.

일	월	화	수	목	금	토
			1	2	3	4
5	6	7	8	9	10	11
12	13	14	15	16	17	18
19	20	21	22	23	24	25
26	27	28	29	30	31	

안의 9개의 수의 합 ➡ ☐ × ☐ = ☐

안의 5개의 수의 합 ➡ ☐ × ☐ = ☐

안의 8개의 수의 합 ➡ ☐ × ☐ = ☐

안의 6개의 수의 합 ➡ ☐ × ☐ = ☐

고대 바빌로니아 숫자는 기원전 2000년 무렵 형성된 수 체계로, 쐐기처럼 생긴 문자를 새겨 나타내었습니다. 1부터 30까지의 바빌로니아 수가 적혀 있는 종이가 찢어졌습니다. 바빌로니아 수의 규칙을 찾아 알맞은 붙임딱지를 붙여 종이를 처음 상태로 만들어 보세요.

바빌로니아 수의 규칙을 이용하여 빈 곳에 붙임딱지를 붙여서 알맞게 채워 보세요.

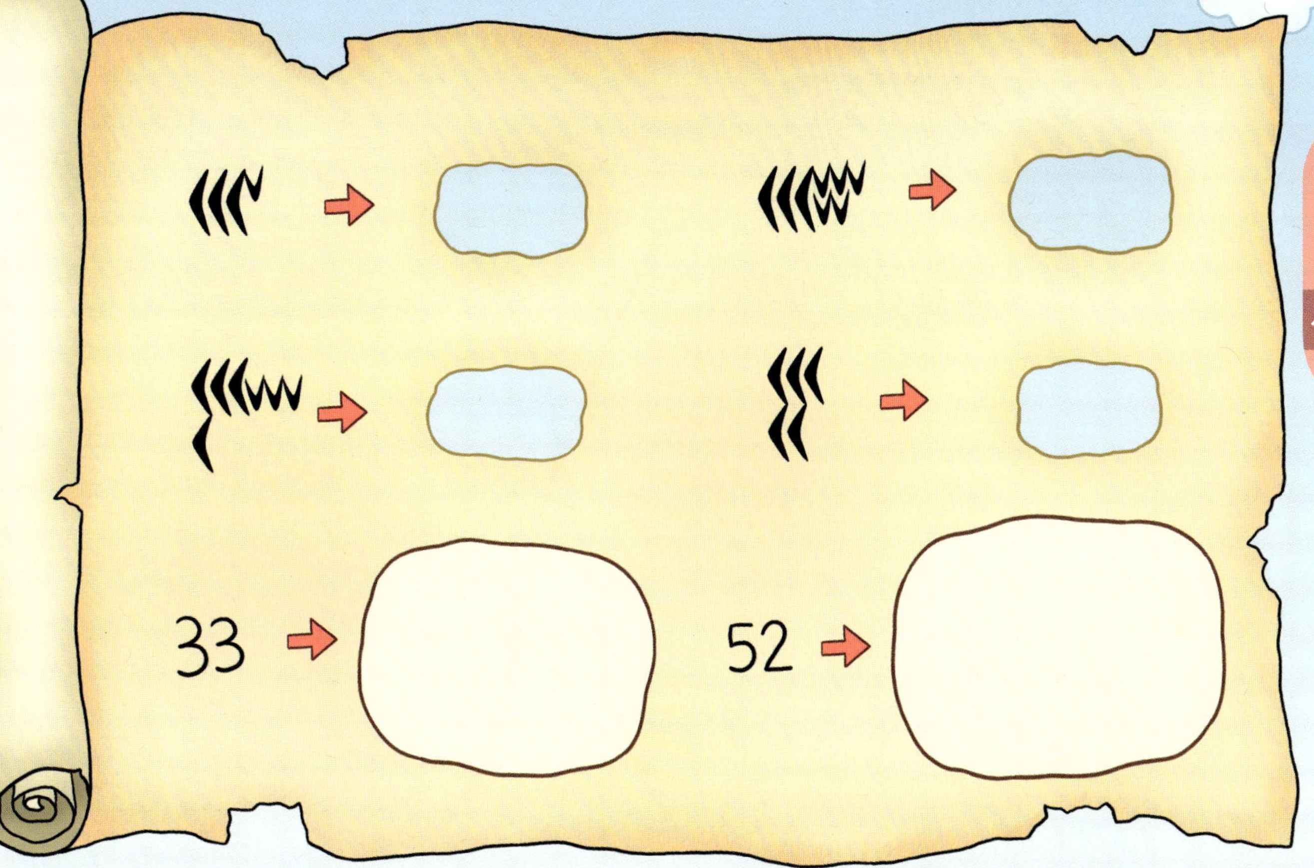

30보다 크고 50보다 작은 수 중에서 자신이 좋아하는 수를 골라 쓰고, 붙임딱지를 이용하여 바빌로니아 수로 나타내어 보세요.

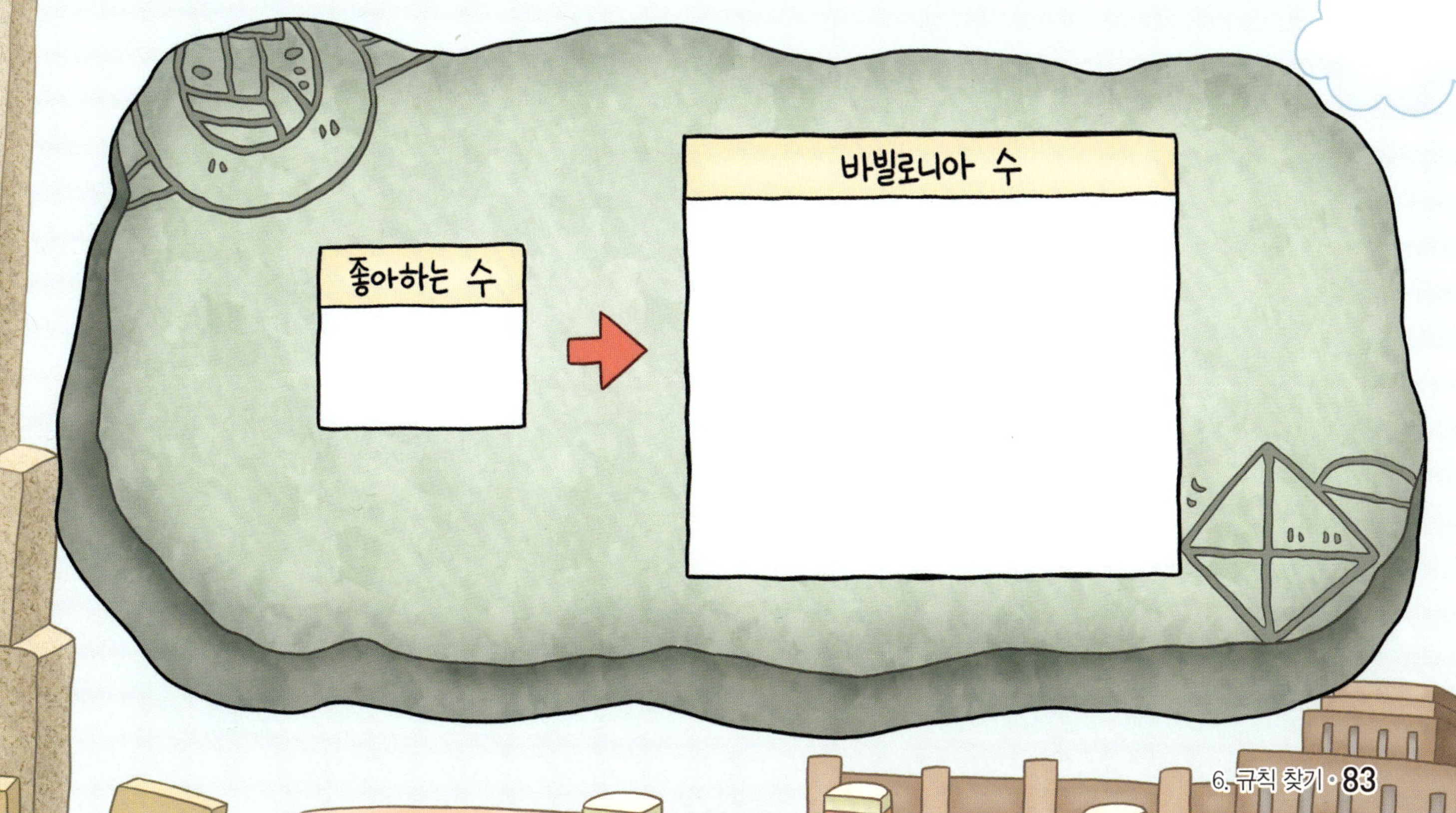

1 단계

1 규칙적인 수의 배열에서 보석함의 비밀번호를 찾을 수 있습니다. 각 보석함의 비밀번호를 찾아 보석함에 써넣으세요.

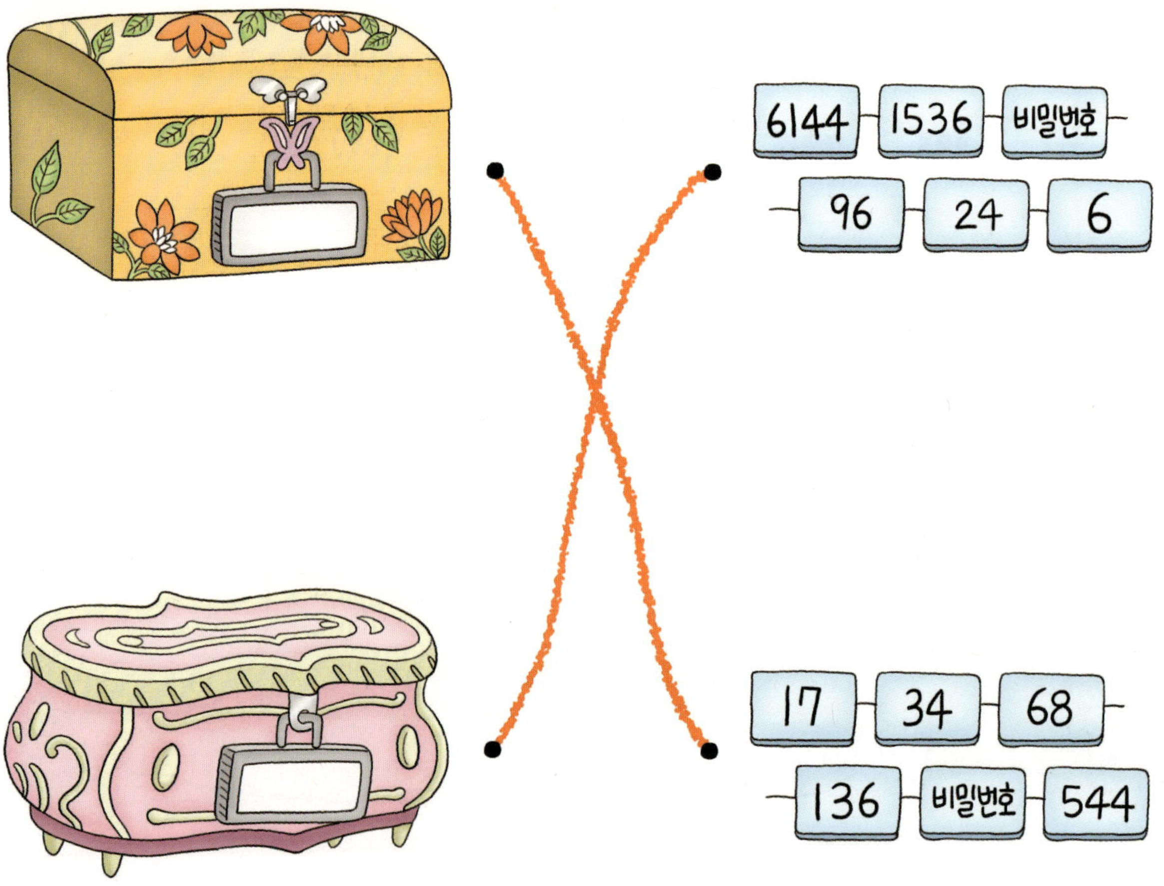

2 민호는 영화표를 미리 예매를 하지 않아서 엄마, 아빠와 다른 좌석에 앉게 되었습니다. 민호의 좌석 번호가 C7일 때, 엄마와 아빠의 좌석 번호를 각각 구해 보세요.

① 위 그림에서 민호의 자리를 찾아 ◯표 하세요.

② 엄마의 좌석 번호를 구해 보세요.

(   )

③ 아빠의 좌석 번호를 구해 보세요.

(   )

3 정호는 매달 은행에 가서 다음과 같은 규칙으로 금액을 늘려 가며 저금을 합니다. 정호가 6월에 저금하는 돈은 모두 얼마인지 구해 보세요.

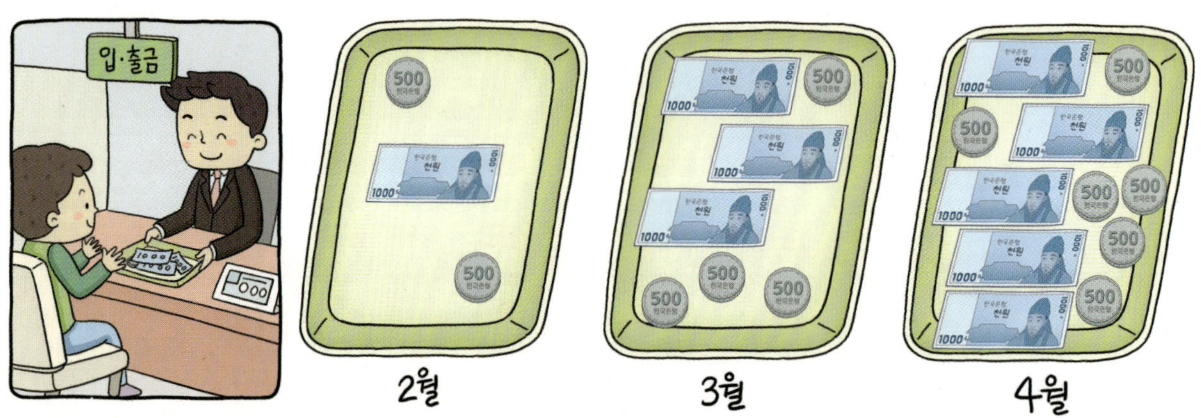

① 정호가 저금한 돈을 보고 표를 완성해 보세요.

	1000원짜리 지폐 수(장)	500원짜리 동전 수(개)
2월		
3월		
4월		

② 정호가 저금하는 규칙을 찾아 ☐ 안에 알맞은 수를 써넣으세요.

1000원짜리 지폐는 ☐장에서 시작하여 ☐장씩 늘어나고,

500원짜리 동전은 ☐개에서 시작하여 ☐개씩 늘어납니다.

③ 정호가 6월에 저금하는 돈은 모두 얼마일까요?

(   )

4 다음과 같은 규칙으로 삼각형이 늘어나고 있습니다. 여섯째에 알맞은 모양에서 색칠한 삼각형(▲)은 색칠하지 않은 삼각형(△)보다 몇 개 더 많은지 구해 보세요.

첫째   둘째   셋째   넷째

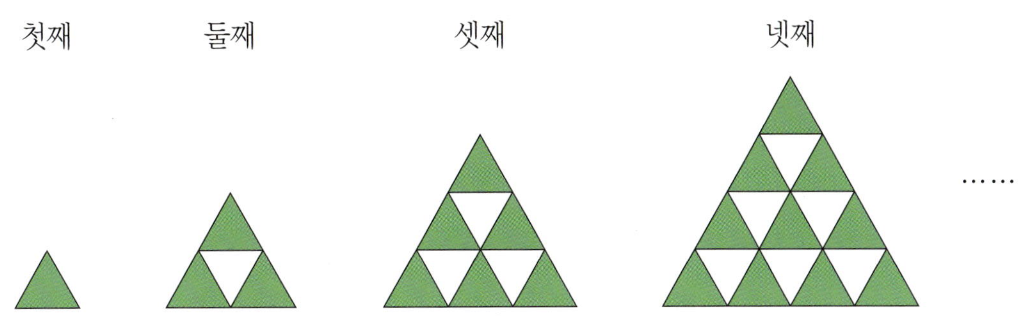

......

1 ▲과 △의 수를 세어 표를 완성해 보세요.

순서	첫째	둘째	셋째	넷째
▲의 수(개)	1	3		
△의 수(개)	0			
차(개)	1			

2 ▲과 △의 수의 차에서 규칙을 찾아보세요.

규칙 ____

3 여섯째에 알맞은 모양에서 ▲은 △보다 몇 개 더 많은지 구해 보세요.

(   )

1 파스칼의 삼각형에서 수 배열의 규칙을 찾아보세요.

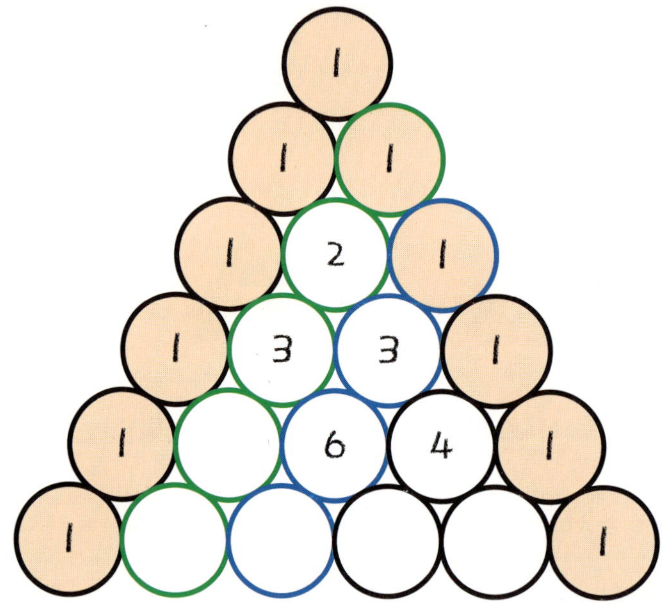

1 규칙을 찾아 빈 곳에 알맞은 수를 써넣으세요.

2 ◯ 안에 있는 수의 합을 구해 보세요.

(   )

3 ◯ 안에 있는 수의 규칙을 찾아 ☐ 안에 알맞은 수를 써넣으세요.

> 1에서 시작하여 ↗ 방향으로 ☐, ☐, ☐씩 더 커집니다.

2 삼각형, 사각형, 오각형 등의 도형 모양을 이루는 점의 수를 도형수라고 합니다. 다음과 같이 사각형 모양을 이루는 점의 수를 사각수라고 합니다. 점으로 만든 사각형의 배열을 보고 일곱째에 알맞은 사각형의 점의 수를 구해 보세요.

첫째 　　둘째 　　셋째 　　넷째 　　다섯째

…‥

① 점의 수를 세어 표를 완성해 보세요.

순서	첫째	둘째	셋째	넷째	다섯째
점의 수(개)					

② 점의 수의 규칙을 찾아 ☐ 안에 알맞은 수를 써넣으세요.

점의 수가 1개에서 시작하여 ☐개, ☐개, ☐개, ☐개……씩 더 늘어납니다.

③ 일곱째에 알맞은 사각형의 점의 수는 몇 개인지 구해 보세요.

(　　　　　　　　　　)

3 유정이와 민현이는 독일의 수학자 콜라츠의 우박수 계산 규칙에 대해 알아보았습니다.
우박수 계산 규칙에 따라 빈칸을 채워 보세요.

콜라츠의 우박수 계산 규칙

① 자연수를 하나 고릅니다.

② 고른 수가 짝수이면 2로 나누고, 홀수이면 3을 곱한 다음 1을 더합니다.

③ ②의 과정을 반복하면 그 결과는 항상 1이 됩니다.

예 $3 \xrightarrow{\times 3+1} 10 \xrightarrow{\div 2} 5 \xrightarrow{\times 3+1} 16 \xrightarrow{\div 2} 8 \xrightarrow{\div 2} 4 \xrightarrow{\div 2} 2 \xrightarrow{\div 2} 1$

38	→	19	→	58	→	29	→	88
→	44	→		→	11	→	34	→
17	→		→		→	13	→	40
→	20	→	10	→		→		→
8	→		→	2	→	1		

42	→							

4 색종이를 계속해서 반으로 접었다 펼치면 다음과 같습니다. 규칙을 찾아보고 색종이를 여섯 번 접었다 펼쳤을 때 나누어지는 사각형의 수는 몇 개인지 구해 보세요.

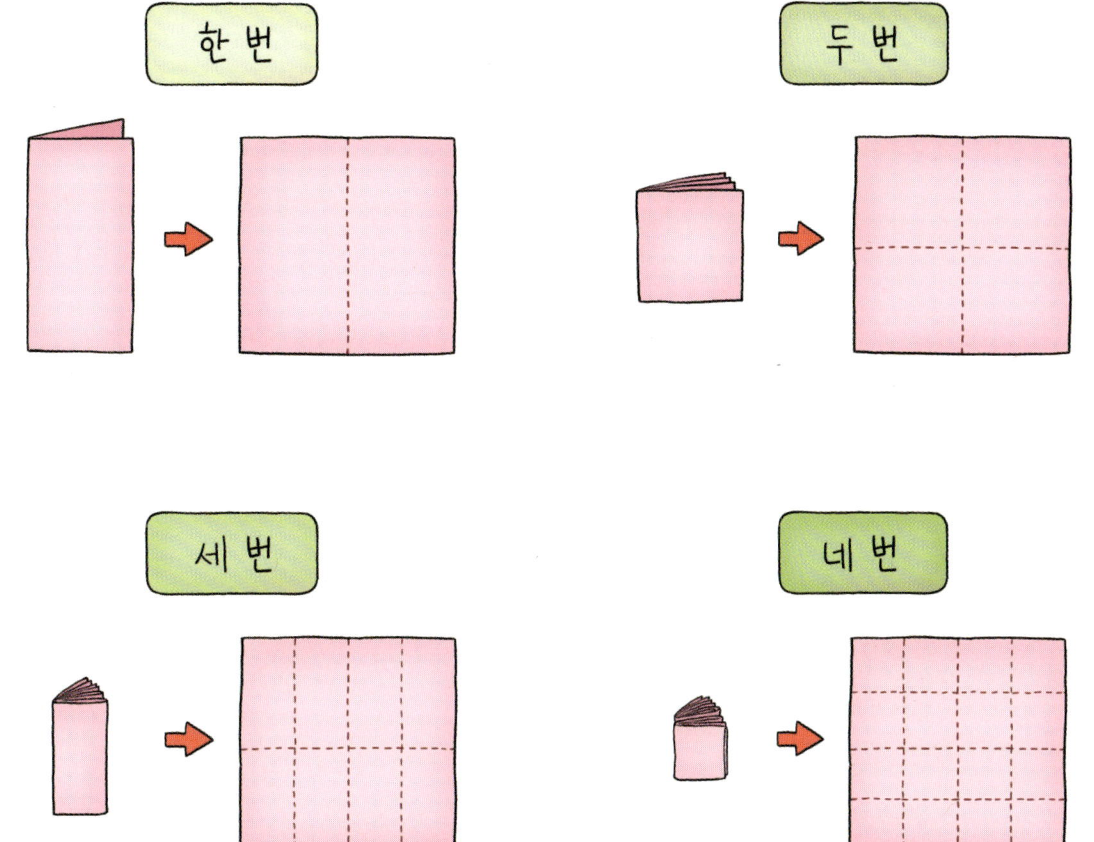

❶ 색종이를 접었다 펼쳤을 때 나누어지는 사각형의 수를 세어 표를 완성해 보세요.

접은 횟수	한 번	두 번	세 번	네 번
나누어지는 사각형의 수(개)	2			

❷ 색종이를 여섯 번 접었다 펼쳤을 때 나누어지는 사각형의 수는 몇 개인지 구해 보세요.

( )

평가 영역 ☐개념 이해력 ☑개념 응용력 ☐창의력 ☐문제 해결력

1 수 배열에서 보기 와 같이 규칙적인 계산식을 만들어 주어진 25개의 수의 합을 구해 보세요.

보기

2	3	4	5	6
7	8	9	10	11
12	13	14	15	16
17	18	19	20	21
22	23	24	25	26

$$14 \times 25 = 350$$

15	16	17	18	19
21	22	23	24	25
27	28	29	30	31
33	34	35	36	37
39	40	41	42	43

$$\boxed{} \times \boxed{} = \boxed{}$$

평가 영역 ☐개념 이해력 ☐개념 응용력 ☐창의력 ☑문제 해결력

2 곱셈식에서 규칙을 찾아 12345678×9를 구해 보세요.

$$12 \times 9 = 108$$
$$123 \times 9 = 1107$$
$$1234 \times 9 = 11106$$
$$12345 \times 9 = 111105$$
$$\vdots$$

(   )

평가 영역 ☐개념 이해력 ☐개념 응용력 ☑창의력 ☐문제 해결력

3 다음과 같은 규칙으로 수가 적혀 있습니다. 1행 3열의 수를 (1, 3)＝9라고 나타낼 때 (5, 6)을 구해 보세요.

	1열	2열	3열	4열
1행	1	5	9	13
2행	4	8	12	16
3행	7	11	15	19
4행	10	14	18	22

(   )

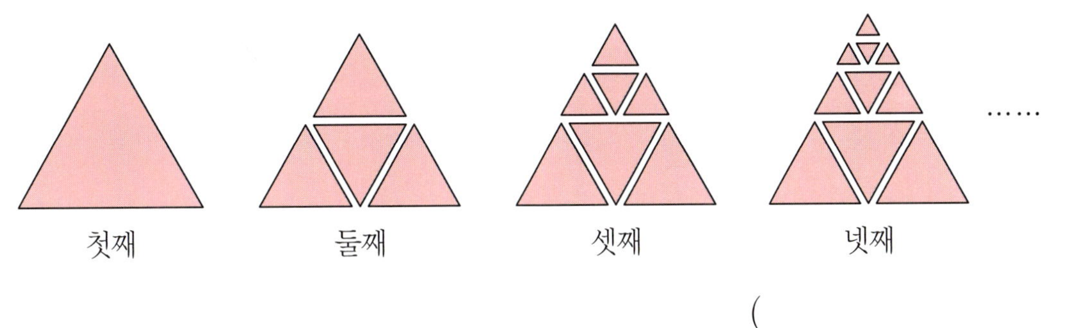

평가 영역 ☐개념 이해력 ☐개념 응용력 ☐창의력 ☑문제 해결력

4 다음과 같은 규칙으로 삼각형 모양의 종이를 자르고 있습니다. 일곱째에 알맞은 모양에서 삼각형 조각의 수는 모두 몇 개인지 구해 보세요.

첫째	둘째	셋째	넷째

......

(   )

1 수 배열표를 보고 ㉠과 ㉡에 알맞은 수를 각각 구해 보세요.

111	113	115	117	119
211	213	㉠	217	219
311	313	315	317	㉡
411	413	415	417	419

㉠ (　　　　　　　　　)

㉡ (　　　　　　　　　)

2 식을 보고 옳으면 ○표, 옳지 않으면 ×표 하세요.

(1) $10+5=15-5$ (　　　　)　　　　(2) $30+10=20+20$ (　　　　)

(3) $20+5=30-5$ (　　　　)　　　　(4) $30-15=15$ 　(　　　　)

3 다음과 같은 규칙으로 바둑돌을 놓았습니다. 다섯째에 알맞은 모양에서 바둑돌의 수를 구해 보세요.

첫째　　　　둘째　　　　　셋째　　　　　　넷째

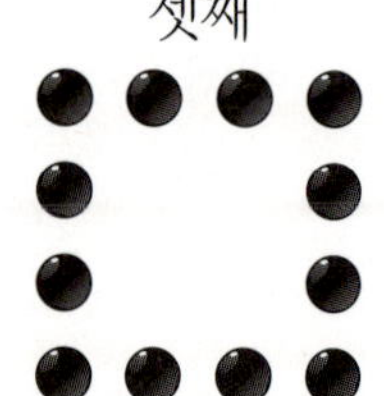
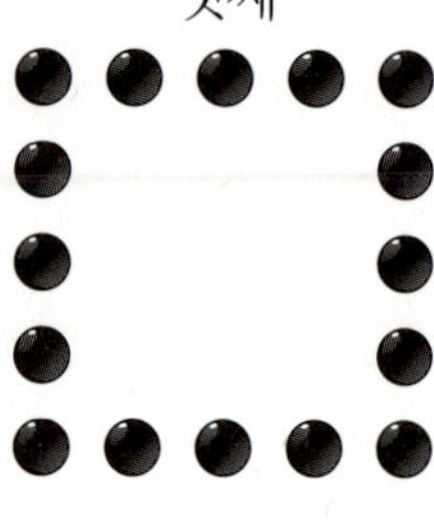

(　　　　　　　　　)

[4~6] 수 배열표를 보고 물음에 답하세요.

1002	1003	1004	1005	1006
2002	2003	2004	2005	★
3002	3003	3004	3005	3006
4002	4003	4004	4005	4006
5002	5003	5004	5005	5006

4 ☐로 표시된 칸에서 규칙을 찾아보세요.

> 1003부터 시작하여 아래쪽으로 [ ]씩 커집니다.

5 위의 수 배열표에서 1002부터 시작하여 1001씩 커지는 규칙적인 수의 배열을 찾아 색칠해 보세요.

6 ★에 알맞은 수를 구해 보세요.

( )

7 규칙적인 수의 배열에서 ■, ▲에 알맞은 수를 각각 구해 보세요.

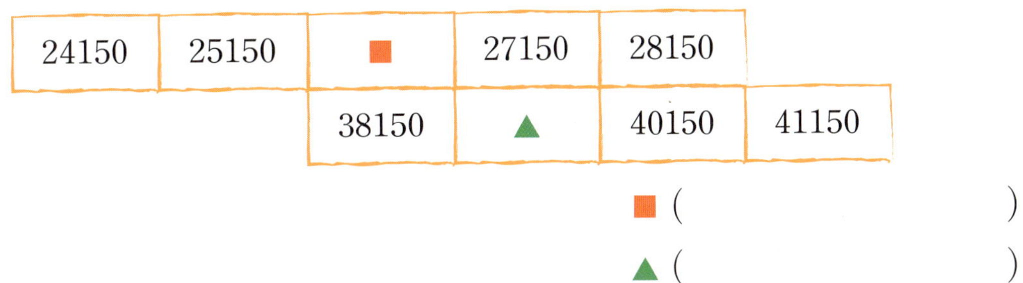

24150	25150	■	27150	28150	
	38150	▲	40150	41150

■ ( )

▲ ( )

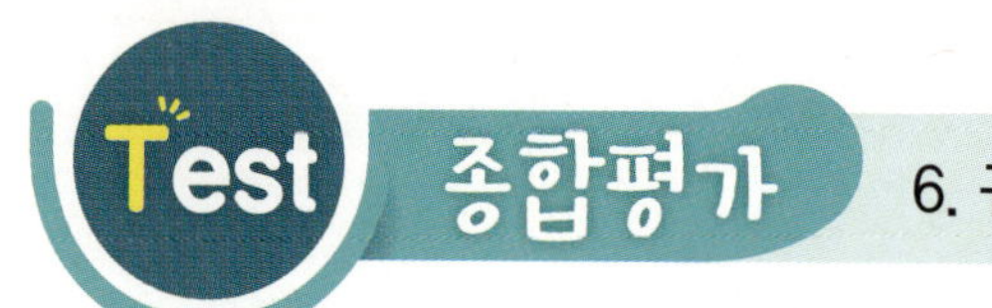

[8~9] 일부가 찢어진 수 배열표를 보고 물음에 답하세요.

55	59	63	67	71	75
155	159	163	167	171	175
355	359	363	367	■	
655	659	663	667		
1055	1059	1063			

8 수 배열의 규칙에 따라 ■에 알맞은 수를 구해 보세요.

(   )

9 색칠된 세로에서 규칙을 찾아보세요.

규칙 ____

____

10 계산식의 규칙에 따라 ☐ 안에 알맞은 식을 써넣으세요.

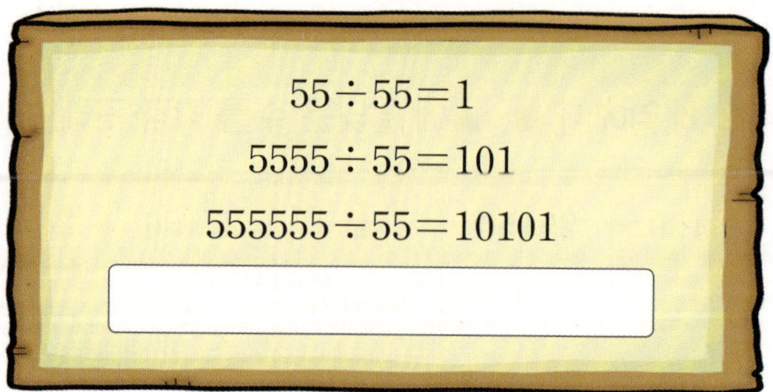

$$55 \div 55 = 1$$
$$5555 \div 55 = 101$$
$$555555 \div 55 = 10101$$

[11~13] 달력을 보고 물음에 답하세요.

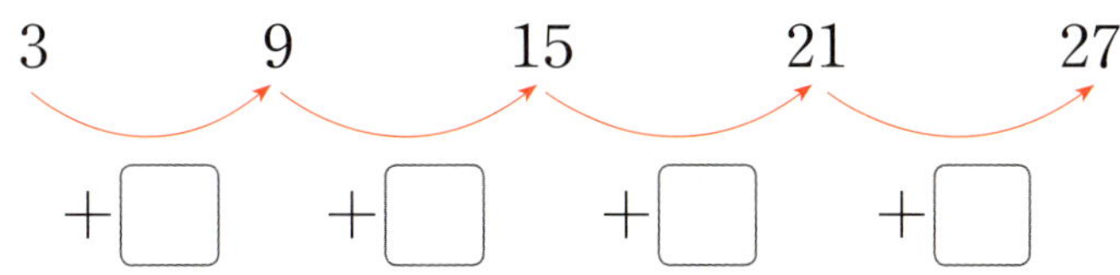

일	월	화	수	목	금	토
		1	2	3	4	5
6	7	8	9	10	11	12
13	14	15	16	17	18	19
20	21	22	23	24	25	26
27	28	29	30			

4주 평가

11 연두색으로 색칠된 칸에서 규칙을 찾아 ☐ 안에 알맞은 수를 써넣으세요.

$$3 \qquad 9 \qquad 15 \qquad 21 \qquad 27$$

$$+\boxed{} \quad +\boxed{} \quad +\boxed{} \quad +\boxed{}$$

➡ 3부터 시작하여 ↙ 방향으로 ☐씩 커집니다.

12 ☐ 안에 있는 수에서 찾을 수 있는 계산식입니다. ☐ 안에 알맞은 수를 써넣으세요.

$$10 + 12 = 11 \times 2$$
$$17 + 19 = \boxed{} \times 2$$
$$24 + 26 = \boxed{} \times \boxed{}$$

13 달력을 보고 <u>조건</u>을 만족하는 수를 찾아보세요.

조건
- ☐ 안에 있는 9개의 수 중의 하나입니다.
- ☐ 안에 있는 9개의 수의 합을 9로 나눈 몫과 같습니다.

(   )

14 규칙에 따라 여섯째에 알맞은 도형에서 사각형의 수를 구해 보세요.

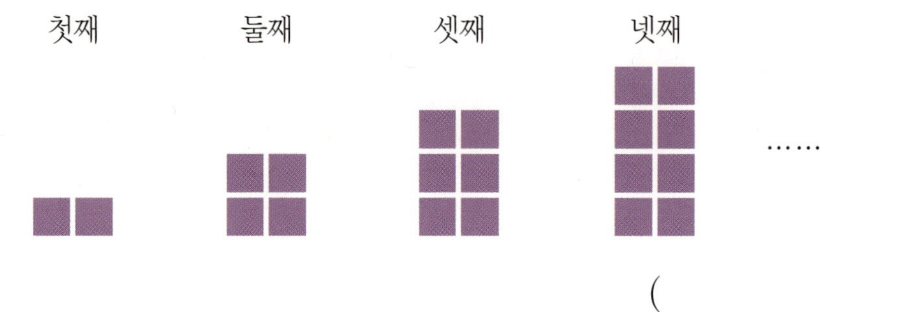

(   )

15 보기 와 같이 주어진 카드를 모두 한 번씩 사용하여 등호를 사용한 식을 만들어 보세요.

16 보기 의 규칙을 이용하여 나누는 수가 7일 때의 계산식을 2개 더 써 보세요.

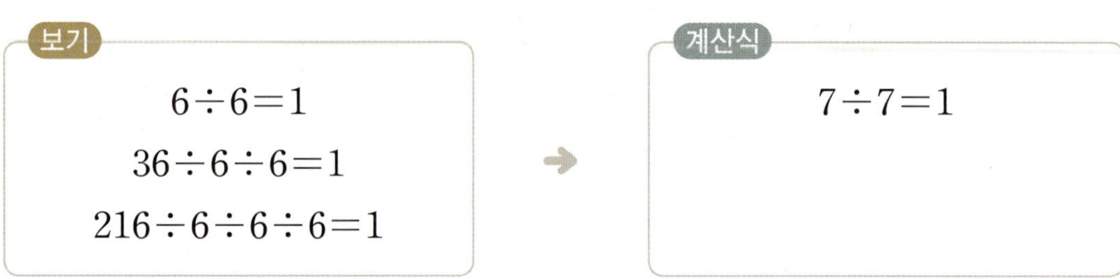

특강 창의·융합 사고력

1 프랙털은 일부 작은 조각이 전체와 비슷한 형태를 말합니다. 프랙털 도형의 대표적인 예로는 시어핀스키 삼각형이 있습니다. 시어핀스키 삼각형은 세 변의 길이가 같은 삼각형의 각 변의 중심을 이어서 같은 크기의 삼각형 4개로 나누었을 때 그중 가운데 삼각형을 잘라 버리는 과정을 반복하여 만든 도형입니다. 시어핀스키 삼각형의 배열을 보고 물음에 답하세요.

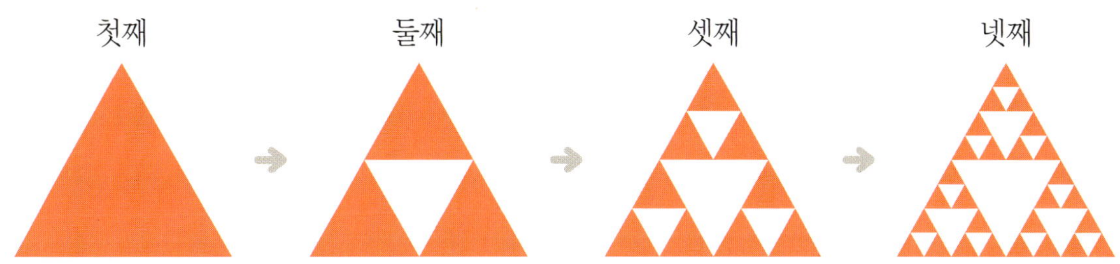

(1) 빨간색 삼각형의 수를 세어 표를 완성해 보세요.

순서	첫째	둘째	셋째	넷째
빨간색 삼각형의 수(개)	1			

(2) 시어핀스키 삼각형에서 빨간색 삼각형의 수의 규칙 을 찾아보세요.

규칙

빨간색 삼각형의 수가 1개에서 시작하여 □ 배로 늘어나는 규칙입니다.

(3) 다섯째 시어핀스키 삼각형에서 빨간색 삼각형의 수는 몇 개일까요?

( )

Memo

14~15쪽

16~17쪽

32~33쪽

1명	1명	1명	1명	1명	1명	1명	1명	1명	1명
1명	1명	1명	1명	1명	1명	1명	1명	1명	1명
2명	2명	2명	2명	2명	2명	2명	2명	2명	2명
2명	2명	2명	2명	2명	2명	2명	2명	2명	2명
3명	3명	3명	3명	3명	3명	3명	3명	3명	3명
3명	3명	3명	3명	3명	3명	3명	3명	3명	3명

2그루	2그루	2그루	2그루	2그루	2그루	2그루	2그루	2그루	2그루
2그루	2그루	2그루	2그루	2그루	2그루	2그루	2그루	2그루	2그루
2그루	2그루	2그루	2그루	2그루	2그루	2그루	2그루	2그루	2그루
3그루	3그루	3그루	3그루	3그루	3그루	3그루	3그루	3그루	3그루
3그루	3그루	3그루	3그루	3그루	3그루	3그루	3그루	3그루	3그루

34~35쪽

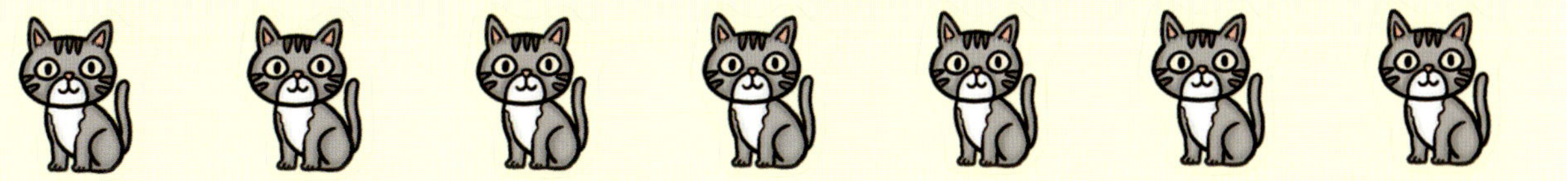

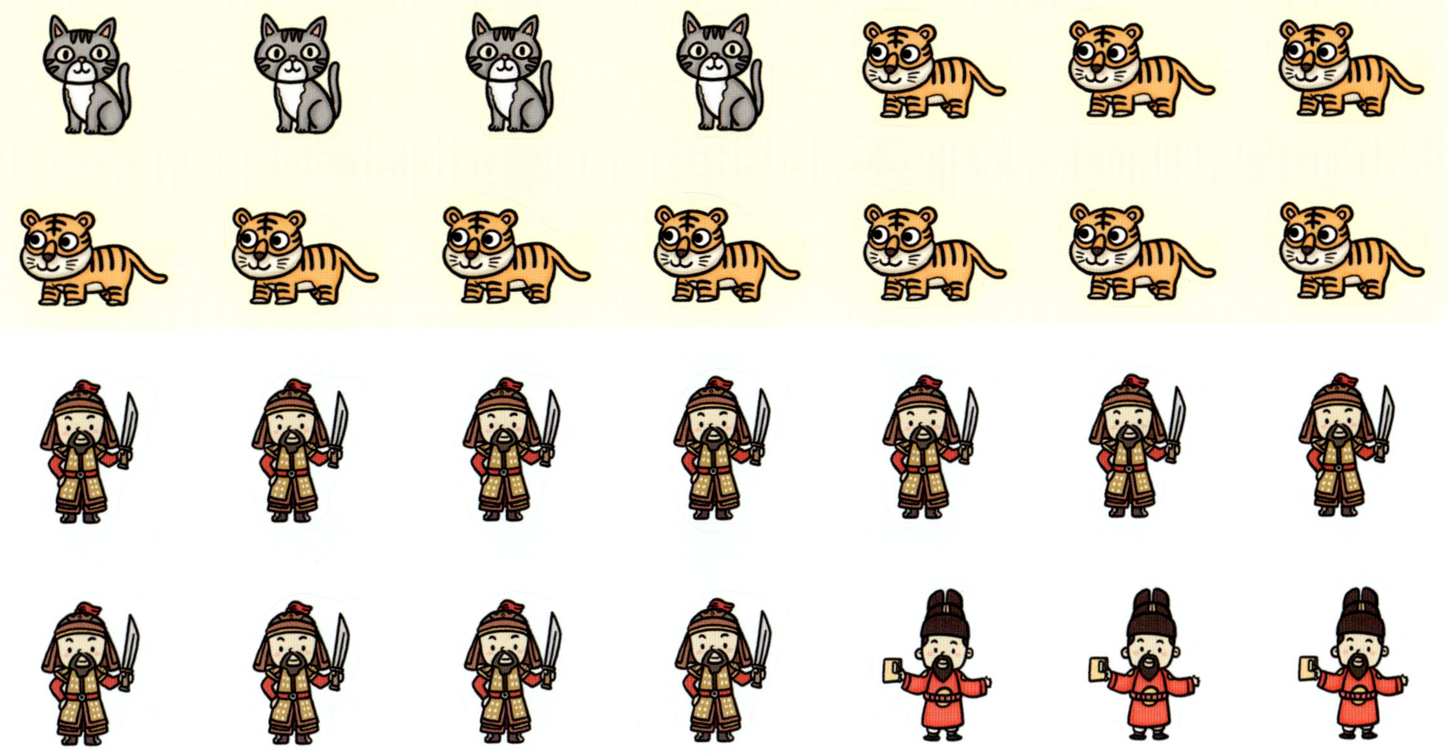

자르는 선

62~63쪽

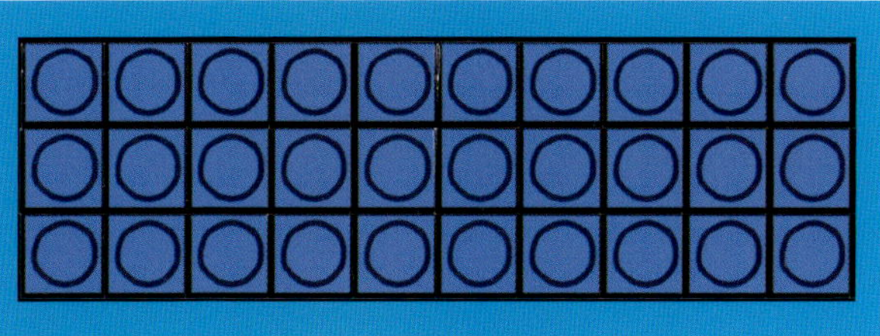

64~65쪽

1 1 2 2 3 3 4 4

5 5 6 6 8 8 10 10

15 15 20 20 합 차 곱

2 2 2 2 2 2 2 2 2

4 4 4 6 6 6 8 8 8

10 10 10 10 12 12 12 12 12

14 14 14 20 20 20 30 30 30

40 40 40 42 42 42 70 70 70

82~83쪽

22

23

자르는 선

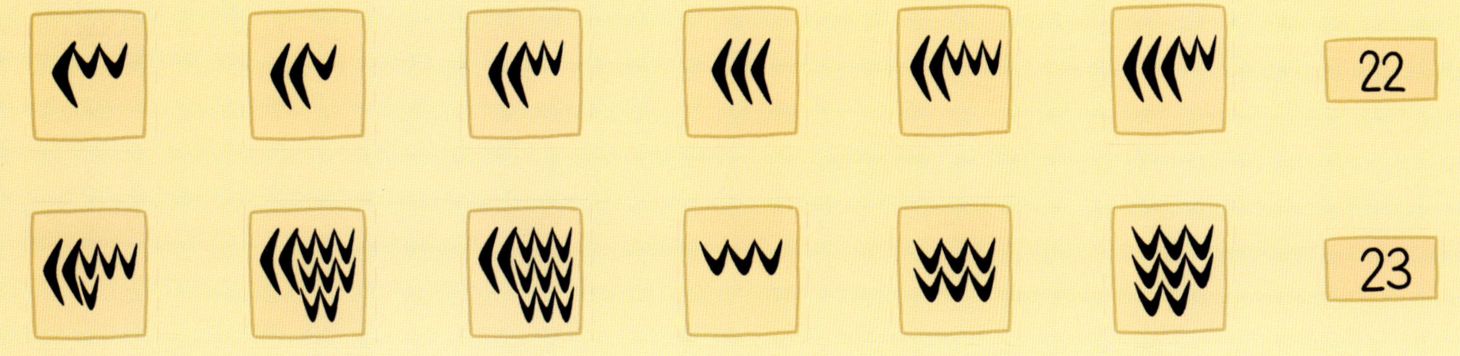

| 30 | 31 | 33 | 34 | 35 |
| 40 | 43 | 46 | 50 | 53 |

관련 단원 6. 규칙 찾기

81쪽 문제에 활용하세요.

모양 틀 1

모양 틀 2

모양 틀 3

모양 틀 4

활용 방법

① 각각의 모양 틀을 81쪽에 있는 달력에 대어 보고, 각 모양 안의 수를 교재의 같은 모양 틀에 써넣습니다.
② 자신이 적은 수를 보고 규칙을 이용하여 식을 세우고 합을 구합니다.
③ 모양 틀을 옮겨 가며 여러 가지 계산식을 만들 수 있습니다.

#난이도별
#천재되는_수학교재

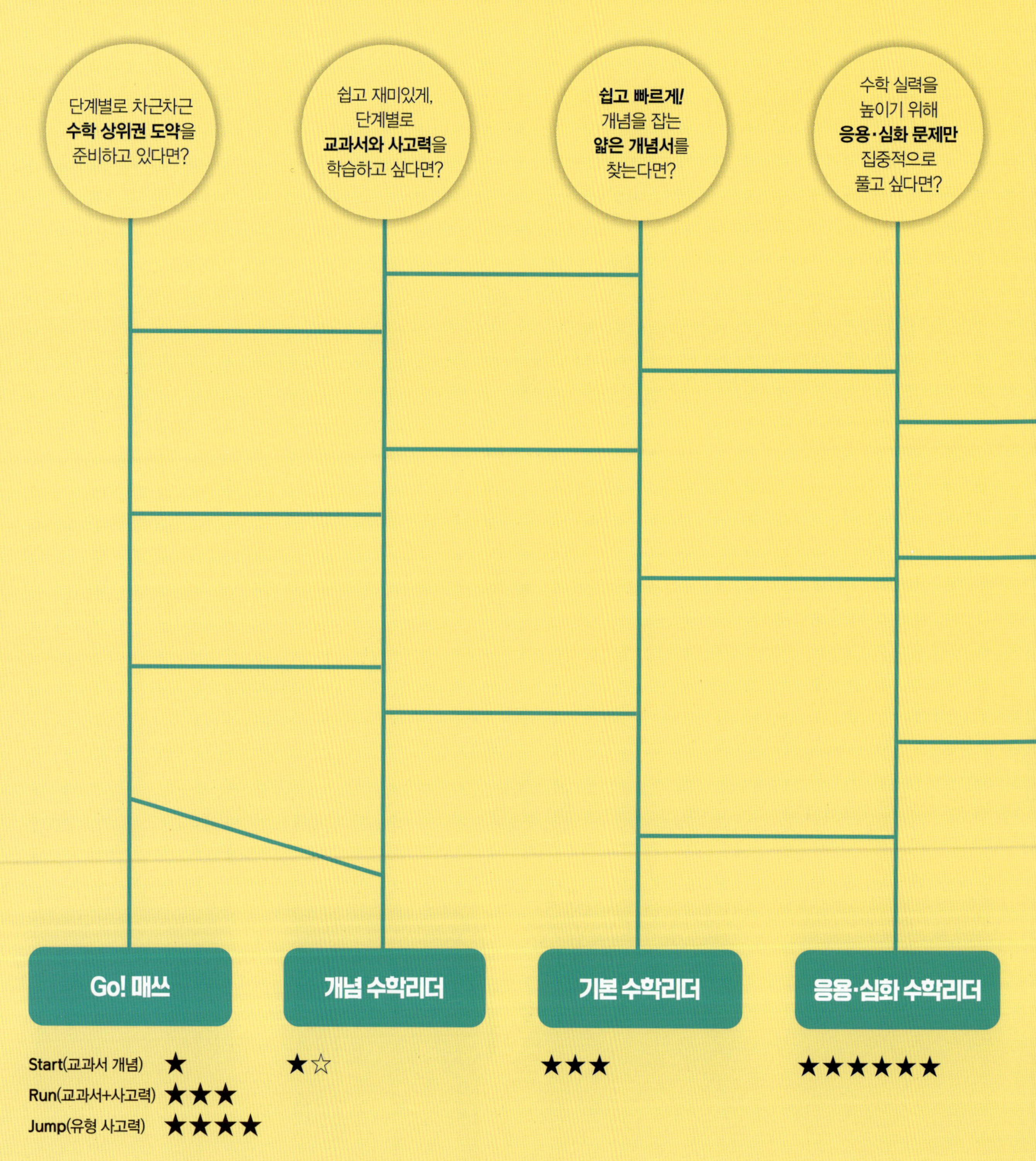

정답과 풀이 수학 4-1

정답과 해설
포인트 2가지

▶ 선생님이나 학부모가 쉽게 문제와 풀이를 한눈에 볼 수 있어요.

▶ 자세한 활동 수업에 대한 팁이 가득하게 들어 있어요.

5 막대그래프

여러 가지 심리 검사

심리 검사는 사람의 성격이나 능력, 흥미 등 직접 측정하는 것이 불가능한 것들을 추론하고 예측하는 검사입니다. 전문적인 심리 검사로는 전 세계적으로 많이 시행되고 있는 MBTI나 진로 적성 심리 검사 등이 있습니다. 이러한 전문적인 심리 검사는 아니지만 심심할 때 재미로 해 볼 만한 여러 가지 심리 검사들을 해 볼까요?

심리 검사 결과를 그래프로 정리하기

다음은 좋아하는 음식으로 사람의 속마음을 알아보는 심리 검사입니다. 자신이 좋아하는 음식을 골라 보세요.

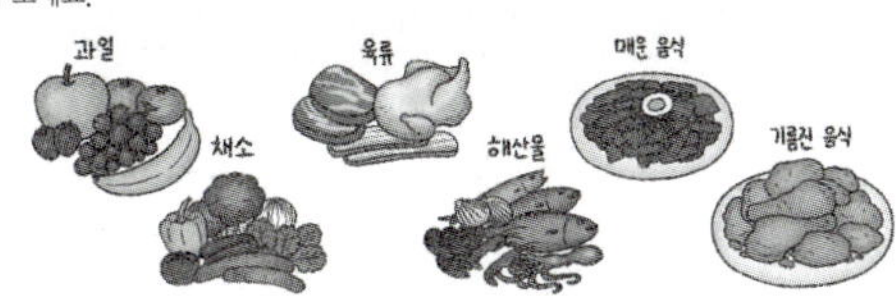

러시아의 일간지 프라우다 신문에서 보도한 연구 결과는 다음과 같습니다.

과일을 고른 사람은 친구들과 어울리기를 좋아하고 예술적인 성향이고, 채소를 고른 사람은 의욕이 강하고 자신의 건강에 걱정이 많은 사람입니다. 육류를 고른 사람은 충동적이고 다재다능한 사람이고, 해산물을 고른 사람은 침착하고 의리가 있는 사람입니다. 매운 음식을 고른 사람은 적극적이고 감정의 변화가 심한 사람이고, 기름진 음식을 고른 사람은 활기차고 재미 있는 사람입니다.

아래 그래프는 친구들이 선택한 수만큼 색칠하여 나타낸 예시입니다. 다음 결과에 관하여 함께 이야기해 보세요.

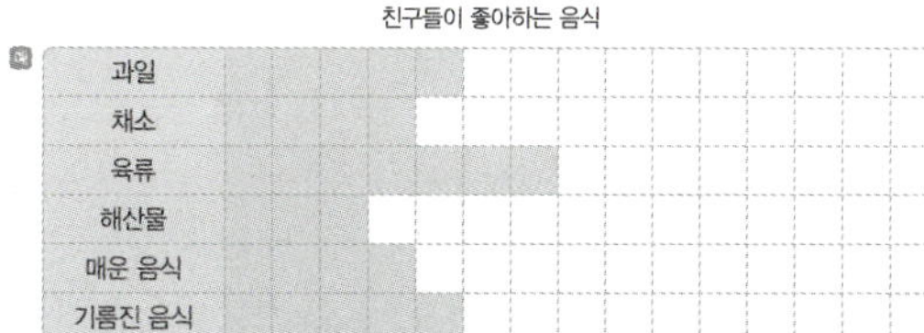

다음은 좋아하는 색깔로 사람의 성격을 알아보는 심리 검사입니다. 자신이 좋아하는 색깔을 쓰고 아래 그래프에 친구들이 선택한 수만큼 색칠해 보세요.

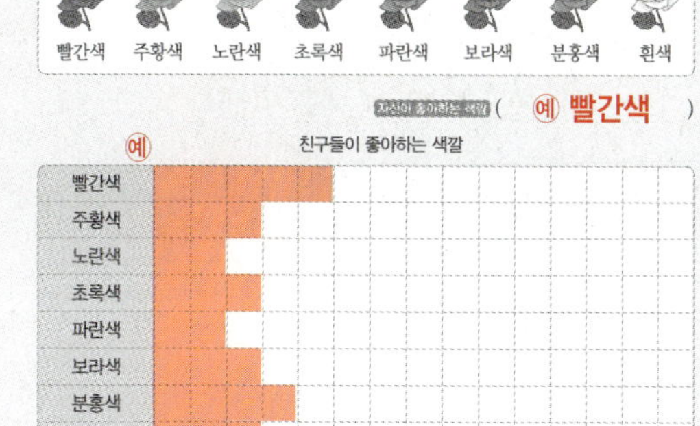

자신이 좋아하는 색깔 (예 **빨간색**)

✿ 재미로 해 보는 심리 검사 결과입니다.

빨간색: 리더십이 강하고 열정적인 사람   파란색: 신중하고 착실한 사람
주황색: 온화하고 이해심이 있는 사람   보라색: 창의력과 상상력이 뛰어난 사람
노란색: 사교적이고 자유로운 사람   분홍색: 섬세하고 배려심이 있는 사람
초록색: 성실하고 모범적인 사람   흰색: 완전함을 추구하고 깔끔한 사람

위 그래프를 보고 가장 많은 친구들이 좋아하는 색깔은 무엇인지 써 보세요.

(예 **빨간색**)

✿ 가장 많은 친구들이 좋아하는 색깔은 그래프에서 가장 많이 색칠한 색깔입니다.

1단계 교과서 개념 잡기

개념 1 막대그래프 알아보기

• 막대그래프: 조사한 자료를 막대 모양으로 나타낸 그래프

좋아하는 과일별 학생 수

과일	딸기	수박	포도	사과	합계
학생 수(명)	6	9	4	12	31

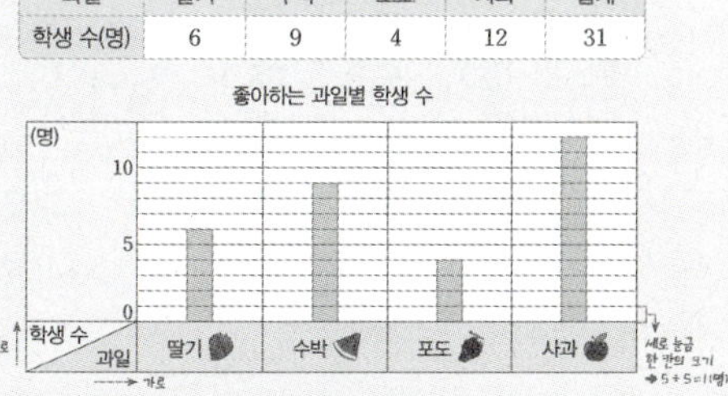

① 막대그래프의 가로는 과일, 세로는 학생 수를 나타냅니다.
② 막대의 길이는 좋아하는 학생 수를 나타냅니다.
③ 세로 눈금 한 칸은 1명을 나타냅니다.
참고 그래프의 가로와 세로를 바꾸어 막대를 가로로 나타낼 수 있습니다.

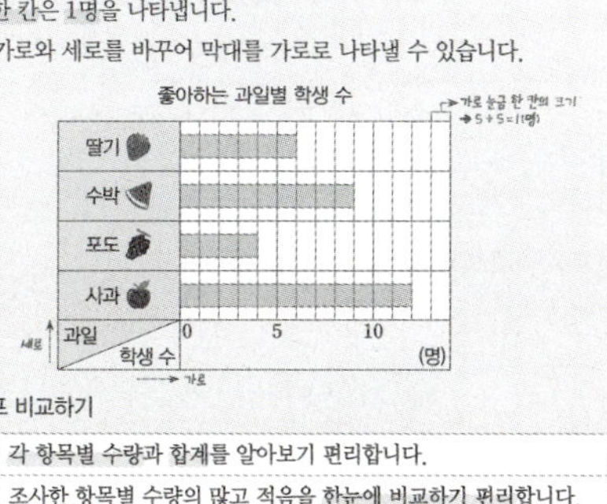

• 표와 막대그래프 비교하기

표	각 항목별 수량과 합계를 알아보기 편리합니다.
막대그래프	조사한 항목별 수량의 많고 적음을 한눈에 비교하기 편리합니다.

개념 확인 문제

정답과 풀이 p.1

1-1 ☐ 안에 알맞은 말을 써넣으세요.

조사한 자료를 막대 모양으로 나타낸 그래프를 **막대그래프** 라고 합니다.

1-2 혜미네 반 학생들이 좋아하는 운동을 조사하여 나타낸 표와 막대그래프입니다. 물음에 답하세요.

좋아하는 운동별 학생 수

운동	축구	피구	농구	야구	합계
학생 수(명)	10	6	8	3	27

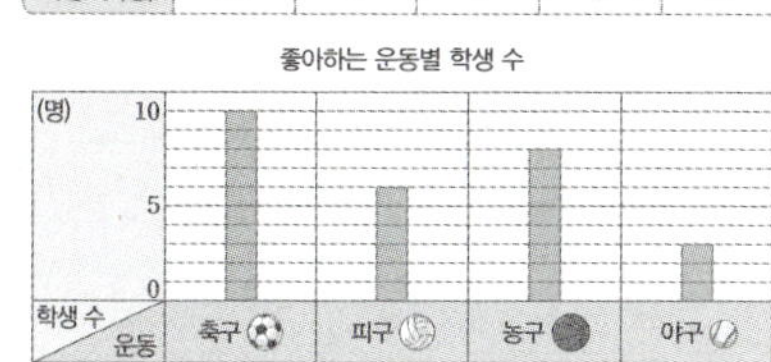

(1) 막대그래프의 가로와 세로는 각각 무엇을 나타낼까요?

가로 (**운동**), 세로 (**학생 수**)

(2) 막대의 길이는 무엇을 나타낼까요?

(**좋아하는 학생 수**)

(3) 막대그래프의 세로 눈금 한 칸은 몇 명을 나타낼까요?
✿ 세로 눈금 5칸이 5명을 나타내므로 세로 눈금 한 칸은 1명을 나타냅니다.

(**1명**)

(4) 표와 막대그래프 중 항목별 수량의 많고 적음을 한눈에 비교하기에 어느 것이 더 편리할까요?

✿ 막대그래프에서 막대의 길이를 비교하면 (**막대그래프**) 항목별 수량의 많고 적음을 비교하기 편리 합니다.

1단계 교과서 개념 잡기

개념 2 막대그래프의 내용 알아보기

막대그래프를 보고 내용 알아보기

① 막대그래프의 가로는 종류, 세로는 쓰레기 양을 나타냅니다.
② 막대의 길이는 종류별 버려진 쓰레기 양을 나타냅니다.
③ 세로 눈금 5칸이 10 kg을 나타내므로 세로 눈금 한 칸은 2 kg을 나타냅니다. $10 \div 5 = 2$ (kg)
④ 음식물 쓰레기 양은 막대 3칸이므로 6 kg입니다. $2 \times 3 = 6$ (kg)
⑤ 가장 많이 버려진 쓰레기는 막대의 길이가 가장 긴 종이입니다.
⑥ 가장 적게 버려진 쓰레기는 막대의 길이가 가장 짧은 음식물입니다.

- 세로 눈금 한 칸의 크기가 다른 막대그래프로 나타내기
  위 막대그래프를 세로 눈금 한 칸의 크기가 1 kg인 막대그래프로 나타내면 다음과 같습니다.

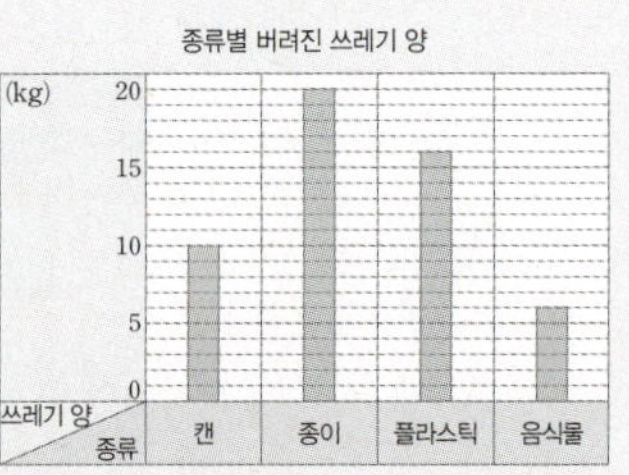

개념 확인 문제

2-1 민호네 반 학생들이 좋아하는 과목을 조사하여 나타낸 막대그래프입니다. 물음에 답하세요.

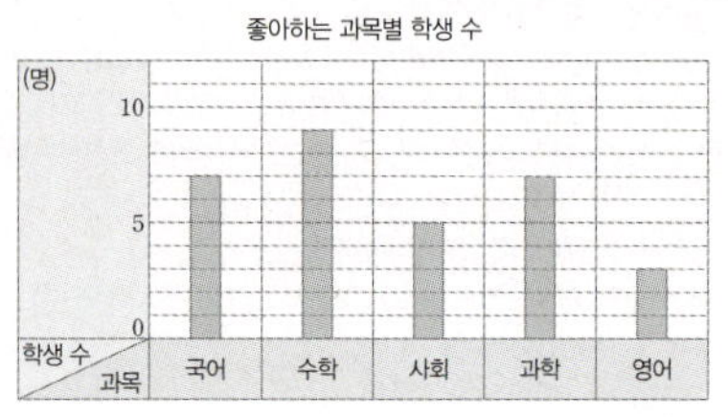

(1) 가로와 세로는 각각 무엇을 나타낼까요?

　　　　가로 (**과목**), 세로 (**학생 수**)

(2) 가장 많은 학생들이 좋아하는 과목은 무엇일까요?

　　　　　　　　　　　　(**수학**)

✜ 막대의 길이가 가장 긴 과목은 수학입니다.

(3) 가장 적은 학생들이 좋아하는 과목은 무엇일까요?

　　　　　　　　　　　　(**영어**)

✜ 막대의 길이가 가장 짧은 과목은 영어입니다.

(4) 좋아하는 학생 수가 국어와 같은 과목은 무엇일까요?

　　　　　　　　　　　　(**과학**)

✜ 국어와 막대의 길이가 같은 과목을 찾으면 과학입니다.

(5) 과학을 좋아하는 학생은 사회를 좋아하는 학생보다 몇 명 더 많을까요?

　　　　　　　　　　　　(**2명**)

✜ 과학: 7명, 사회: 5명 ➜ $7 - 5 = 2$(명)

(6) 조사한 학생은 모두 몇 명일까요?

　　　　　　　　　　　　(**31명**)

✜ 국어: 7명, 수학: 9명, 사회: 5명, 과학: 7명, 영어: 3명
　 $7 + 9 + 5 + 7 + 3 = 31$(명)

1단계 교과서 개념 잡기

개념 3 막대그래프 그리기

좋아하는 색깔별 학생 수

색깔	빨강	파랑	노랑	초록	합계
학생 수(명)	8	7	4	6	25

막대그래프 그리는 방법

① 가로와 세로 중 어느 쪽에 조사한 수를 나타낼 것인지를 정합니다.
② 눈금 한 칸의 크기를 정하고, 조사한 수 중 가장 큰 수를 나타낼 수 있도록 눈금의 수를 정합니다.
③ 조사한 수에 맞도록 막대를 그립니다.
④ 막대그래프에 알맞은 제목을 붙입니다.

좋아하는 색깔별 학생 수

- 세로에 조사한 수를 나타냅니다.
- 세로 눈금 한 칸의 크기를 1명으로 정하고, 조사한 수 중 가장 큰 수인 8을 나타낼 수 있도록 세로 눈금을 적어도 8칸까지는 있도록 그립니다.
- 조사한 수에 맞도록 막대를 그리고 막대그래프에 알맞은 제목을 붙입니다.

- 자료를 조사하여 막대그래프 그리기

> 조사할 내용 및 조사 항목을 정합니다.

↓

> 조사 방법 및 조사 대상과 조사 시기를 정합니다.

↓

> 자료를 수집하여 조사한 결과를 표로 정리합니다.

↓

> 표를 보고 막대그래프로 나타냅니다.

개념 확인 문제

3-1 현민이네 반 학생들이 좋아하는 채소를 조사한 것입니다. 물음에 답하세요.

좋아하는 채소

현민	명희	소미	정수	태연	나래	기범
선호	희원	혜미	민욱	범석	요한	가람
영은	다솜	태호	주희	희찬	연수	경은

: 양배추, : 오이, : 당근, : 배추, : 무

(1) 조사한 자료를 표로 정리해 보세요.

좋아하는 채소별 학생 수

채소	양배추	오이	당근	배추	무	합계
학생 수(명)	7	3	5	4	2	21

(2) 위 (1)의 표를 보고 세로 눈금 한 칸의 크기가 1명인 막대그래프로 나타내려고 합니다. 세로 눈금은 적어도 몇 칸까지 있어야 할까요?

✜ 가장 큰 수가 7이므로 세로 눈금 한 칸의 크기가 1명인 (**7칸**) 막대그래프로 나타낸다면 세로 눈금은 적어도 7칸까지는 있어야 합니다.

(3) 위 (1)의 표를 보고 막대그래프로 나타내어 보세요.

예 좋아하는 채소별 학생 수

✜ 막대그래프의 세로 눈금 한 칸이 1명을 나타내므로 양배추 7칸, 오이 3칸, 당근 5칸, 배추 4칸, 무 2칸으로 막대를 그립니다.
막대그래프에 알맞은 제목을 붙입니다.

1단계 교과서 개념 잡기

정답과 풀이 p.3

개념 4 막대그래프로 이야기 만들기

- 이야기를 읽고 막대그래프로 나타내기

영규네 반 학생들의 요일별 지각한 학생 수를 조사해 보니 월요일은 7명, 화요일은 4명, 수요일은 4명, 목요일은 3명, 금요일은 3명이었습니다.

요일별 지각한 학생 수

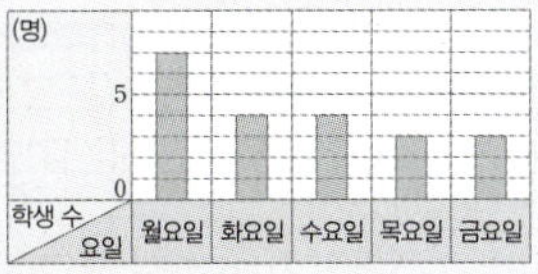

➡ 이야기를 막대그래프로 나타내면 내용을 한눈에 비교하기 편리합니다.

- 막대그래프를 보고 이야기 만들기

막대그래프를 보고 알 수 있는 내용으로 이야기를 만들 수 있습니다.

좋아하는 계절별 학생 수

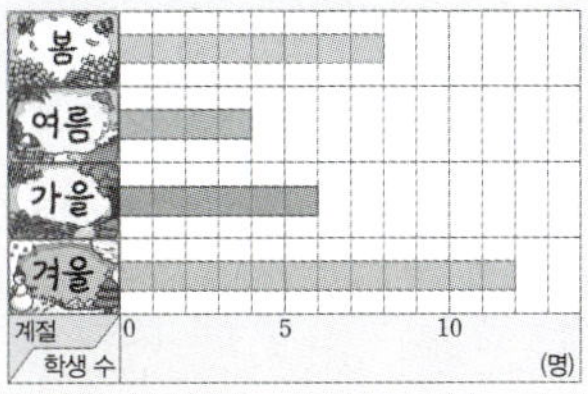

막대그래프를 보고 만들 수 있는 이야기

학생 30명에게 좋아하는 계절을 조사했습니다.
봄을 좋아하는 학생은 8명, 여름을 좋아하는 학생은 4명, 가을을 좋아하는 학생은 6명, 겨울을 좋아하는 학생은 12명입니다.
가장 많은 학생들이 좋아하는 계절은 겨울이고, 가장 적은 학생들이 좋아하는 계절은 여름입니다.
봄을 좋아하는 학생은 가을을 좋아하는 학생보다 2명 많습니다.
겨울을 좋아하는 학생 수는 여름을 좋아하는 학생 수의 3배입니다.

개념 확인 문제

4-1 다음 이야기를 읽고 막대그래프로 나타내어 보세요.

연도별 쌀 생산량

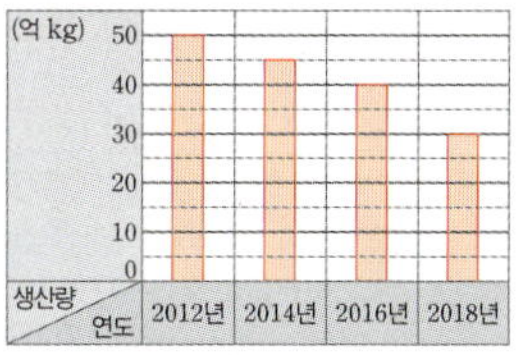

❖ 막대그래프의 세로 눈금 한 칸은 $10 \div 2 = 5$(억 kg)을 나타냅니다.
2012년: $50 \div 5 = 10$(칸), 2014년: $45 \div 5 = 9$(칸), 2016년: $40 \div 5 = 8$(칸), 2018년: $30 \div 5 = 6$(칸)으로 막대를 그립니다.

4-2 규리네 반 학생들이 좋아하는 꽃을 조사하여 나타낸 막대그래프입니다. 막대그래프를 보고 알 수 있는 사실로 알맞은 것을 찾아 기호를 써 보세요.

좋아하는 꽃별 학생 수

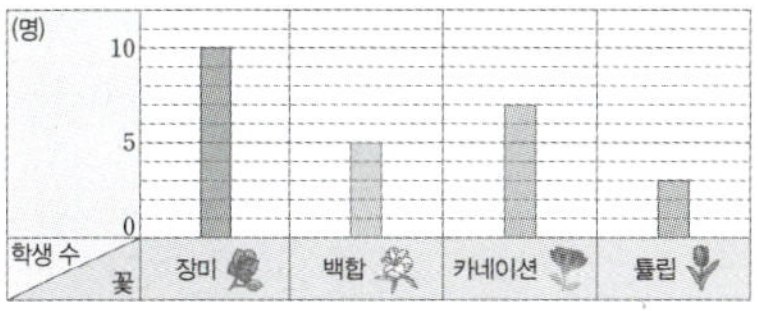

㉠ 규리네 반 학생들이 좋아하는 꽃의 종류는 3가지입니다.
㉡ 가장 많은 학생들이 좋아하는 꽃은 카네이션입니다.
㉢ 백합을 좋아하는 학생은 튤립을 좋아하는 학생보다 2명 적습니다.
㉣ 장미를 좋아하는 학생 수는 백합을 좋아하는 학생 수의 2배입니다.

(**㉣**)

❖ ㉠ 규리네 반 학생들이 좋아하는 꽃의 종류는 장미, 백합, 카네이션, 튤립으로 4가지입니다.
㉡ 가장 많은 학생들이 좋아하는 꽃은 막대의 길이가 가장 긴 장미입니다.
㉢ 백합을 좋아하는 학생은 튤립을 좋아하는 학생보다 2명 많습니다.

PLAY 교과서 개념 스토리 달력을 보고 그래프로 나타내기

붙임딱지

아래의 1월 달력에 자유롭게 날씨 붙임딱지를 붙여서 1월의 날씨를 나타내어 보세요.

1월

일	월	화	수	목	금	토
					1	2	3

왼쪽 달력의 날씨를 보고 표와 막대그래프로 나타낸 후 막대그래프를 보고 어떤 것을 알 수 있는지 써 보세요.

1월의 날씨별 날수

날씨	맑음	흐림	비	눈	합계
예) 날수(일)	12	10	6	3	31

왼쪽 달력을 보고 날씨별 날수를 세어 적습니다.   합계가 31이 되는지 확인합니다.

위 표를 보고 세로 눈금 한 칸의 크기가 1일인 막대그래프로 나타내어 봅니다.

예) 1월의 날씨별 날수

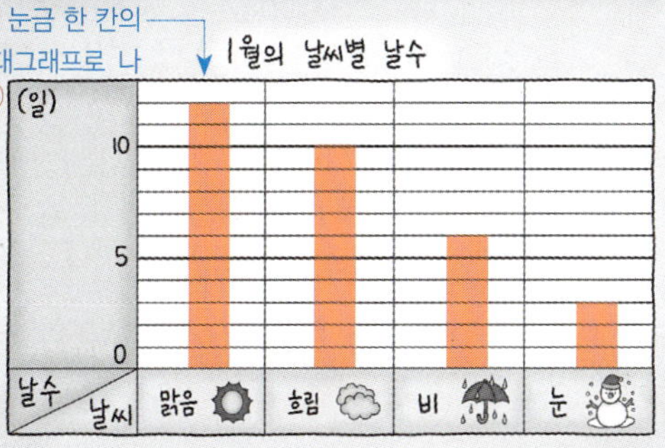

막대그래프를 보고 알 수 있는 점

예) 1월에 맑음인 날이 가장 많습니다.
1월에 눈이 온 날은 비가 온 날보다 3일 적습니다.

PLAY 교과서 개념 스토리 — 농작물의 수를 그래프로 나타내기

밭에 심은 농작물의 수를 나타낸 표를 보고 아래 밭에 농작물의 수만큼 붙임딱지를 붙여 보세요.
그리고 오른쪽에 3가지의 서로 다른 막대그래프로 나타내어 보세요.

밭에 심은 농작물 수

종류	토마토	가지	고추	오이	합계
농작물 수(개)	12	10	6	8	36

❖ 토마토 12칸, 가지 10칸, 고추 6칸, 오이 8칸으로 막대를 그립니다.

❖ 토마토: $12 \div 2 = 6$(칸), 가지: $10 \div 2 = 5$(칸), 고추: $6 \div 2 = 3$(칸),
오이: $8 \div 2 = 4$(칸)으로 막대를 그립니다.

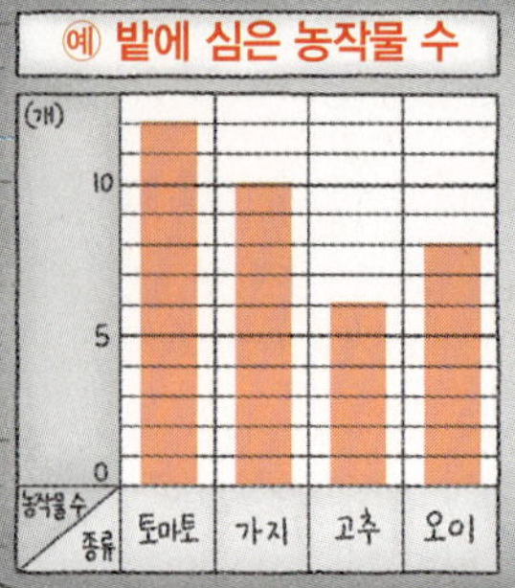

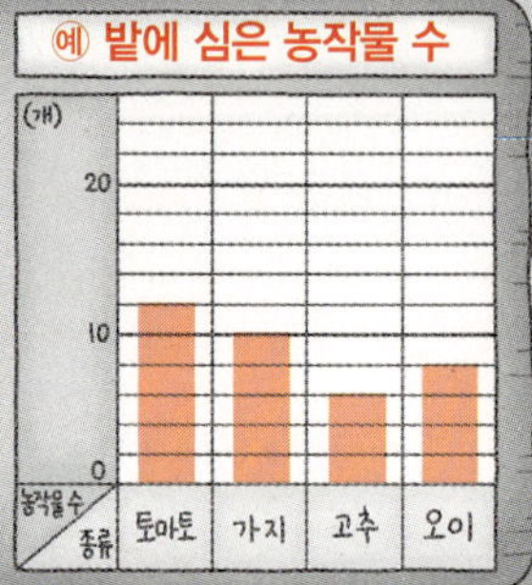

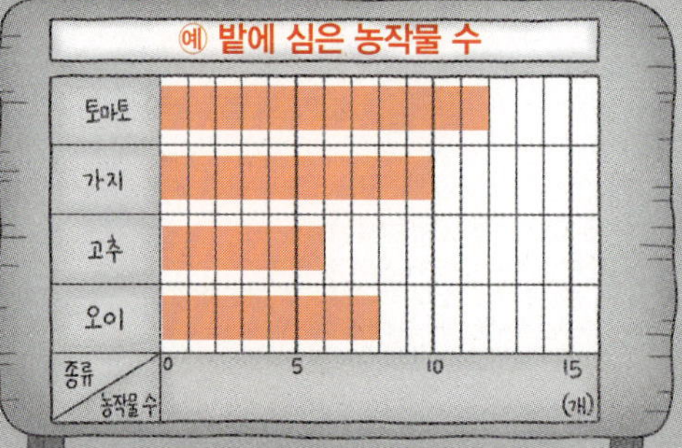

예 밭에 심은 농작물 수

예 밭에 심은 농작물 수

예 밭에 심은 농작물 수

❖ 토마토 12칸, 가지 10칸, 고추 6칸, 오이 8칸으로 막대를 그립니다.

2단계 교과서 개념 다지기

정답과 풀이 p.4

개념 1 막대그래프 알아보기

01 동해네 반 학생들이 배우는 악기를 조사하여 나타낸 막대그래프입니다. 막대그래프의
가로와 세로는 각각 무엇을 나타내는지 써 보세요.

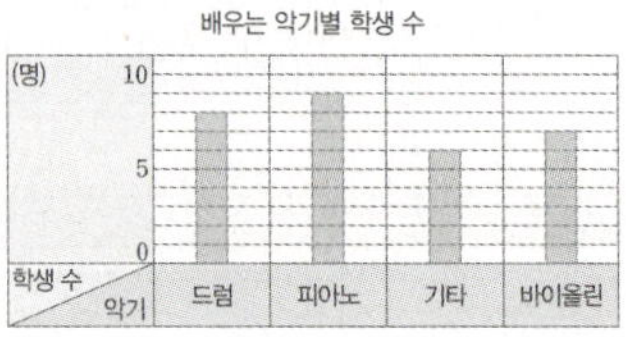

배우는 악기별 학생 수

가로 (**악기**), 세로 (**학생 수**)

02 지우네 반 학생들이 좋아하는 동물을 조사하여 나타낸 표와 막대그래프입니다. 물음
에 답하세요.

좋아하는 동물별 학생 수

동물	사자	기린	코끼리	합계
학생 수(명)	18	8	4	30

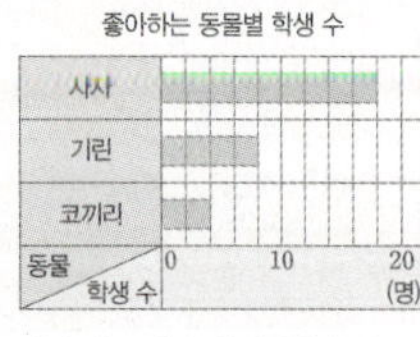

(1) 표와 막대그래프 중 전체 학생 수를 알아보기에 어느 것이 더 편리할까요?

(**표**)

❖ 표의 합계를 보면 전체 학생 수를 알아보기 편리합니다.

(2) 표와 막대그래프 중 가장 많은 학생들이 좋아하는 동물을 알아보기에 어느 것
이 더 편리할까요?

(**막대그래프**)

❖ 막대의 길이가 가장 긴 동물이 가장 많은 학생들이 좋아하는
동물입니다.

개념 2 막대그래프의 내용 알아보기

03 연우네 반 학생들이 좋아하는 빵을 조사하여 나타낸 막대그래프입니다. 물음에 답하세요.

좋아하는 빵별 학생 수

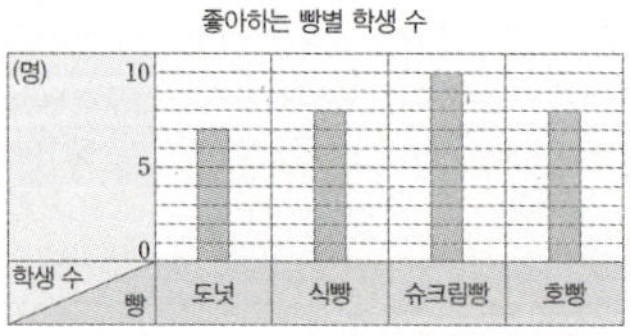

(1) 막대의 길이는 무엇을 나타낼까요?

(**좋아하는 학생 수**)

(2) 가장 적은 학생들이 좋아하는 빵은 무엇일까요?

(**도넛**)

❖ 가장 적은 학생들이 좋아하는 빵은 막대의 길이가 가장 짧은
도넛입니다.

04 마을별 사과 생산량을 조사하여 나타낸 막대그래프입니다. 물음에 답하세요.

마을별 사과 생산량

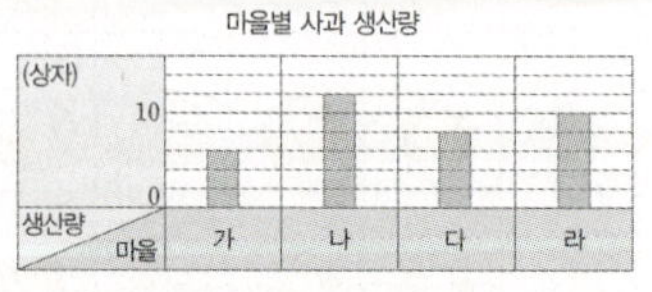

(1) 막대그래프에서 세로 눈금 한 칸은 몇 상자를 나타낼까요?

(**2상자**)

❖ 세로 눈금 5칸이 10상자를 나타내므로 세로
눈금 한 칸은 $10 \div 5 = 2$(상자)를 나타냅니다.

(2) 사과를 가장 많이 생산한 마을은 어느 마을일까요?

(**나 마을**)

❖ 사과를 가장 많이 생산한 마을은 막대의 길이가 가장 긴
나 마을입니다.

② 단계 교과서 개념 다지기

정답과 풀이 p.5

개념 3 막대그래프에서 알 수 있는 것

05 영지네 반 학생들이 좋아하는 체육 활동을 조사하여 나타낸 막대그래프입니다. 물음에 답하세요.

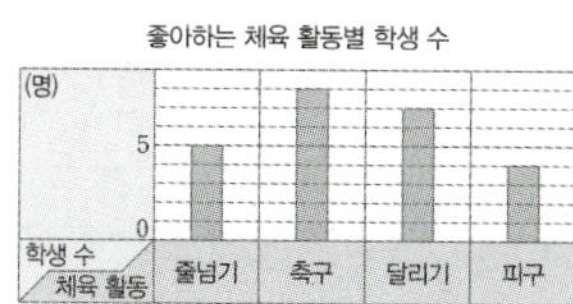

(1) 달리기를 좋아하는 학생은 몇 명일까요?

(**7명**)

❖ 세로 눈금 한 칸이 1명을 나타내므로 달리기를 좋아하는 학생은 7명입니다.

(2) 축구를 좋아하는 학생은 줄넘기를 좋아하는 학생보다 몇 명 더 많을까요?

(**3명**)

❖ 축구를 좋아하는 학생은 8명이고 줄넘기를 좋아하는 학생은 5명입니다. ➡ 8 − 5 = 3(명)

06 혜미네 반 학생들이 좋아하는 요일을 조사하여 나타낸 막대그래프입니다. 두 번째로 많은 학생들이 좋아하는 요일은 무슨 요일이고, 좋아하는 학생은 몇 명인지 차례로 써 보세요.

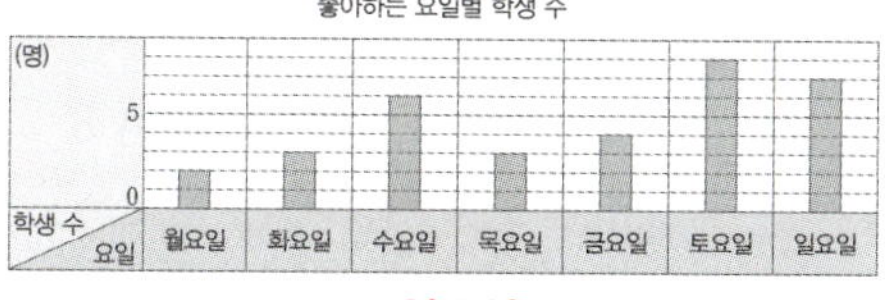

(**일요일**), (**7명**)

❖ 두 번째로 많은 학생들이 좋아하는 요일은 막대의 길이가 두 번째로 긴 일요일이고, 일요일을 좋아하는 학생 수는 세로 눈금 7칸이므로 7명입니다.

개념 4 막대그래프를 보고 알 수 있는 내용

07 주영이네 집에서 한 달 동안 버려진 쓰레기의 양을 조사하여 나타낸 막대그래프입니다. 막대그래프를 보고 알 수 있는 내용을 2가지만 써 보세요.

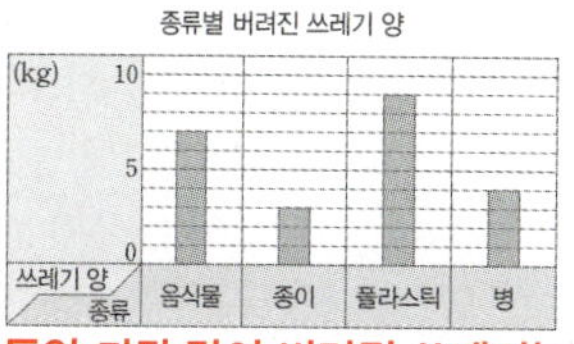

① **예** 한 달 동안 가장 많이 버려진 쓰레기는 플라스틱입니다.

② **예** 한 달 동안 버려진 병 쓰레기의 양은 4 kg입니다.

08 정호네 학교 4학년 학생들이 현장 체험 학습으로 가고 싶은 장소를 조사하여 나타낸 막대그래프입니다. 현장 체험 학습으로 어디를 가면 좋을지 쓰고 그 이유를 써 보세요.

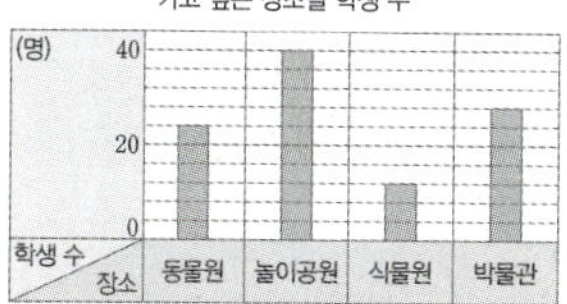

(**예** 놀이공원)

예 가장 많은 학생들이 가고 싶어 하는 장소이기 때문입니다.

② 단계 교과서 개념 다지기

정답과 풀이 p.5

개념 5 막대그래프 그리기

09 채민이네 반 학생들이 좋아하는 음식을 조사하여 나타낸 표입니다. 표를 보고 막대그래프로 나타내려고 합니다. 물음에 답하세요.

좋아하는 음식별 학생 수

음식	피자	햄버거	치킨	핫도그	합계
학생 수(명)	8	6	7	5	26

(1) 세로 눈금 한 칸의 크기가 1명인 막대그래프로 나타낸다면 치킨을 좋아하는 학생은 몇 칸으로 나타내어야 합까요?

(**7칸**)

❖ 치킨을 좋아하는 학생은 7명이므로 7칸으로 나타내어야 합니다.

(2) 표를 보고 막대그래프로 나타내어 보세요.

예 좋아하는 음식별 학생 수

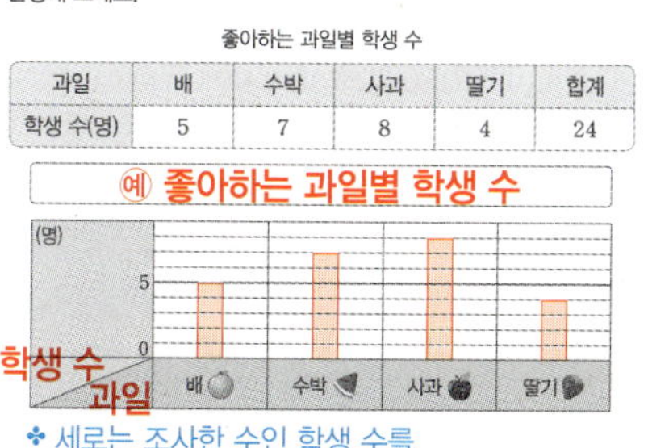

❖ 세로 눈금 한 칸이 1명을 나타내므로 피자는 8칸, 햄버거는 6칸, 치킨은 7칸, 핫도그는 5칸으로 막대를 그립니다.

10 용국이네 반 학생들이 좋아하는 과일을 조사하여 나타낸 표입니다. 표를 보고 막대그래프를 완성해 보세요.

좋아하는 과일별 학생 수

과일	배	수박	사과	딸기	합계
학생 수(명)	5	7	8	4	24

예 좋아하는 과일별 학생 수

학생 수 / 과일

❖ 세로는 조사한 수인 학생 수를, 가로는 조사 항목인 과일을 나타냅니다.

개념 6 막대그래프를 보고 이야기 만들기

11 유정이네 반 학생들이 좋아하는 민속놀이를 조사하여 나타낸 막대그래프입니다. ☐ 안에 알맞은 수나 말을 써넣어 이야기를 완성해 보세요.

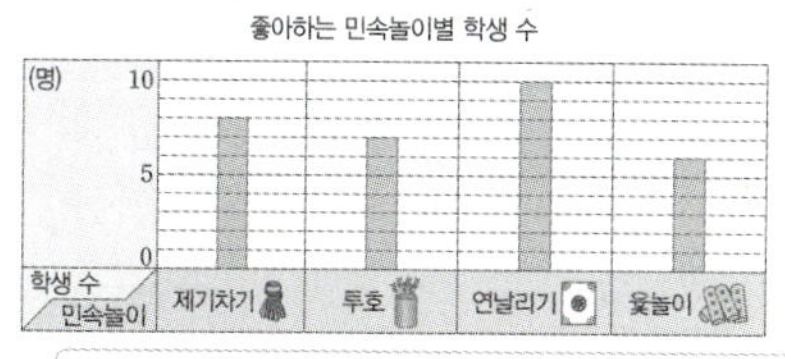

우리 반 학생들이 좋아하는 **민속놀이** 를 조사해 보았어. **윷놀이** 를 좋아하는 학생이 가장 적었고, **연날리기** 를 좋아하는 학생이 가장 많았어. 투호를 좋아하는 학생은 제기차기를 좋아하는 학생보다 **1** 명 적었어.

❖ 투호: 7명, 제기차기: 8명 ➡ 8 − 7 = 1(명)

12 과수원에 있는 종류별 과일나무 수를 조사하여 나타낸 막대그래프입니다. ☐ 안에 알맞은 수나 말을 써넣어 이야기를 완성해 보세요.

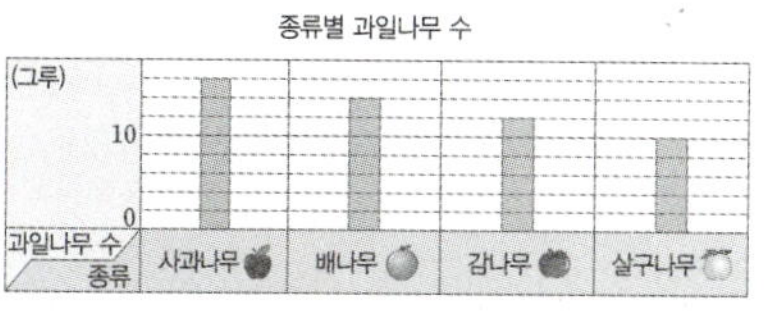

과수원에 있는 종류별 **과일나무** 수를 조사해 보았어. 감나무보다 많은 나무는 **사과나무** 와 **배나무** 이고, 사과나무는 살구나무보다 **6** 그루 더 많았어.

순서가 바뀌어도 정답

❖ 세로 눈금 한 칸의 크기는 10 ÷ 5 = 2(그루)입니다.
사과나무: 2 × 8 = 16(그루), 살구나무: 2 × 5 = 10(그루) ➡ 16 − 10 = 6(그루)

③ 단계 교과서 실력 다지기

★ 가장 많은 항목과 가장 적은 항목의 수의 차 구하기

1 유진이네 마을 학생들이 가고 싶은 나라를 조사하여 나타낸 막대그래프입니다. 가장 많은 학생들이 가고 싶은 나라와 가장 적은 학생들이 가고 싶은 나라의 학생 수의 차를 구해 보세요.

가고 싶은 나라별 학생 수

❖ 가로 눈금 한 칸은 1명을 나타냅니다. 가장 많은 학생들이 가고 싶은 나라는 미국이고, 가고 싶은 학생 수는 15명입니다.
가장 적은 학생들이 가고 싶은 나라는 스위스이고, 가고 싶은 학생 수는 8명입니다.
➜ 15-8=7(명)

7명

개념 피드백 · 막대의 길이로 수량 비교하기
막대의 길이가 길수록 수량이 많고, 막대의 길이가 짧을수록 수량이 적습니다.

1-1 현태네 마을 학생들이 좋아하는 김치의 종류를 조사하여 나타낸 막대그래프입니다. 가장 많은 학생들이 좋아하는 김치 종류와 가장 적은 학생들이 좋아하는 김치 종류의 학생 수의 차를 구해 보세요.

좋아하는 김치 종류별 학생 수

❖ 가장 많은 학생들이 좋아하는 김치 종류는 배추김치이고, 좋아하는 학생 수는 15명입니다.
가장 적은 학생들이 좋아하는 김치 종류는 파김치이고, 좋아하는 학생 수는 7명입니다. ➜ 15-7=8(명)

(**8명**)

★ 일부분이 찢어진 막대그래프에서 항목의 수 구하기

2 준우네 반 학생들의 장래 희망을 조사하여 나타낸 막대그래프의 일부분이 찢어졌습니다. 연예인이 되고 싶은 학생 수는 의사가 되고 싶은 학생 수의 2배일 때 연예인이 되고 싶은 학생은 몇 명인지 구해 보세요.

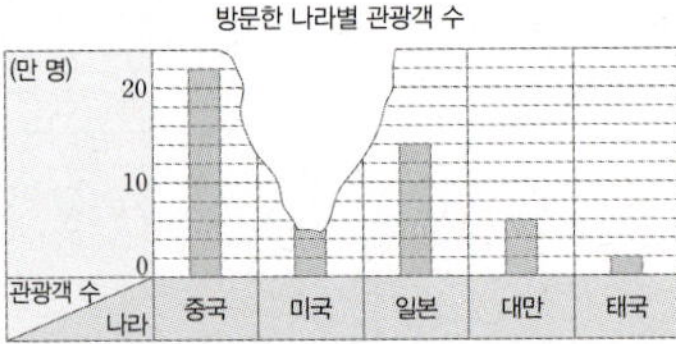

12명

개념 피드백 · 주어진 조건을 이용하여 모르는 항목의 수 구하기
① 세로 눈금 한 칸의 크기를 구합니다.
② 주어진 조건과 아는 자료를 이용하여 모르는 항목의 수를 구합니다.

❖ 의사가 되고 싶은 학생은 6명입니다. 연예인이 되고 싶은 학생 수는 의사가 되고 싶은 학생 수의 2배이므로 6×2=12(명)입니다.

2-1 어느 달에 우리나라를 방문한 나라별 관광객의 수를 조사하여 나타낸 막대그래프입니다. 미국인 관광객 수는 대만인 관광객 수의 3배이일 때, 우리나라를 방문한 미국인 관광객은 몇 명인지 구해 보세요.

방문한 나라별 관광객 수

❖ 세로 눈금 한 칸은 10÷5=2(만 명)을 나타냅니다. (**18만 명**)
어느 달에 우리나라를 방문한 대만인 관광객 수가 2×3=6(만 명)이므로 미국인 관광객 수는 6×3=18(만 명)입니다.

---

③ 단계 교과서 실력 다지기

★ 조사한 전체 수 구하기

3 연아네 반 학생들이 좋아하는 반찬을 조사하여 나타낸 막대그래프를 보고 연아네 반 학생은 모두 몇 명인지 구해 보세요.

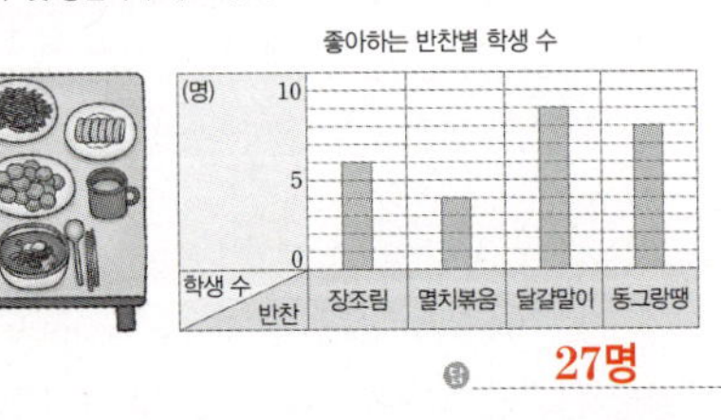

27명

개념 피드백 · 조사한 전체 수 구하기
① 세로 눈금 한 칸의 크기를 구합니다.
② 각 항목의 수를 더하여 조사한 전체 수를 구합니다.

❖ 좋아하는 반찬별 학생 수를 알아보면 장조림 6명, 멸치볶음 4명, 달걀말이 9명, 동그랑땡 8명입니다. 따라서 연아네 반 학생은 모두 6+4+9+8=27(명)입니다.

3-1 어느 농장에서 기르는 동물 수를 조사하여 나타낸 막대그래프입니다. 이 농장에서 기르는 동물은 모두 몇 마리인지 구해 보세요.

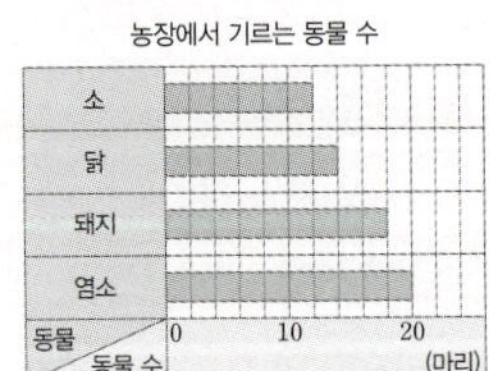

❖ 가로 눈금 한 칸은 10÷5=2(마리)를 나타냅니다. (**64마리**)
농장에서 기르는 동물 수를 알아보면 소 12마리, 닭 14마리, 돼지 18마리, 염소 20마리입니다. ➜ 12+14+18+20=64(마리)

★ 전체 수를 이용하여 모르는 항목의 수 구하기

4 민정이네 반 학생 35명의 혈액형을 조사하여 나타낸 막대그래프입니다. AB형인 학생은 몇 명인지 구해 보세요.

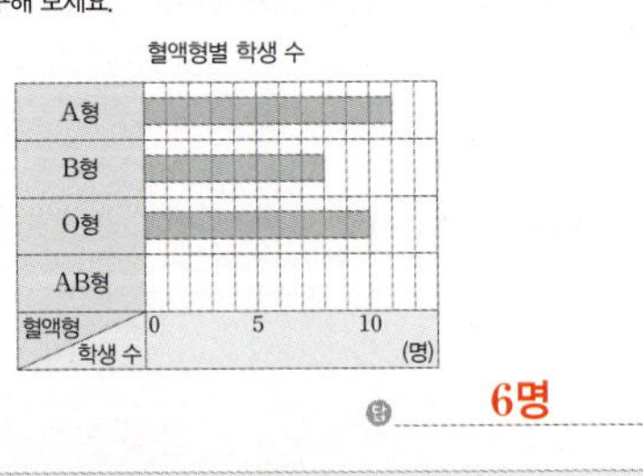

6명

개념 피드백 · 전체 수를 이용하여 모르는 항목의 수 구하기
① 세로 눈금 한 칸의 크기를 구합니다.
② 전체 수에서 아는 항목의 수를 모두 빼어 모르는 항목의 수를 구합니다.

❖ 민정이네 반 학생 중 A형인 학생은 11명, B형인 학생은 8명, O형인 학생은 10명입니다. 전체 학생이 35명이므로 AB형인 학생은 35-11-8-10=6(명)입니다.

4-1 서우의 저금통에 들어 있던 동전 110개를 종류별로 세어 나타낸 막대그래프입니다. 100원짜리 동전은 몇 개 들어 있었는지 구해 보세요.

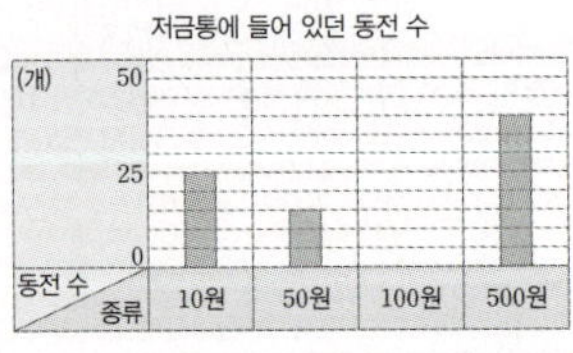

❖ 세로 눈금 한 칸은 25÷5=5(개)를 나타내므로 10원짜리 동전은 25개, 50원짜리 동전은 15개, 500원짜리 동전은 40개 들어 있었습니다. (**30개**)
따라서 100원짜리 동전은 110-25-15-40=30(개) 들어 있었습니다.

3단계 교과서 실력 다지기

정답과 풀이 p.7

★ 일부분이 생략된 막대그래프 완성하기

5 효정이네 반 학생 25명에게 어린이날에 받고 싶은 선물을 조사하여 나타낸 막대그래프입니다. 게임기를 받고 싶은 학생은 신발을 받고 싶은 학생보다 2명 더 많을 때 막대그래프를 완성해 보세요.

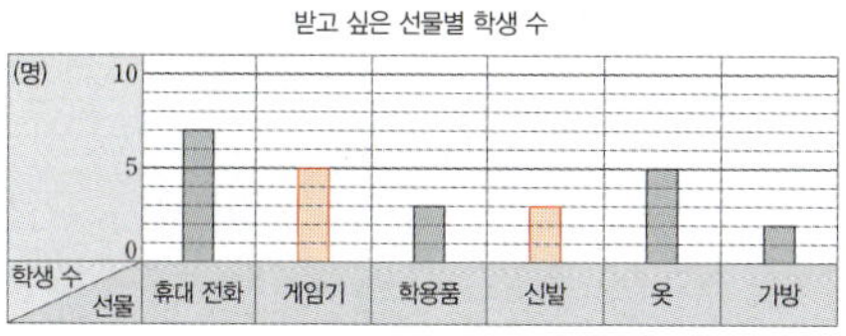

받고 싶은 선물별 학생 수

개념 피드백 · 여러 항목의 수를 모를 때 막대그래프 완성하기
① 모르는 항목 중에서 가장 적은 항목의 수를 □로 정합니다.
② 식을 계산하여 □의 값을 구하고, 주어진 조건을 이용하여 모르는 다른 항목의 수도 구합니다.
③ 막대를 그려서 막대그래프를 완성합니다.

❖ 휴대 전화: 7명, 학용품: 3명, 옷: 5명, 가방: 2명
신발을 받고 싶은 학생 수를 □명이라고 하면 게임기를 받고 싶은 학생 수는 (□＋2)명입니다.
7＋□＋2＋3＋□＋5＋2=25, □＋□＋19=25, □＋□=6, □=3입니다.
따라서 신발을 받고 싶은 학생은 3명, 게임기를 받고 싶은 학생은 5명입니다.

5-1 꽃바구니에 들어 있는 꽃 60송이의 종류를 조사하여 나타낸 막대그래프입니다.
나팔꽃이 해바라기보다 4송이 더 많을 때 막대그래프를 완성해 보세요.

종류별 꽃 수

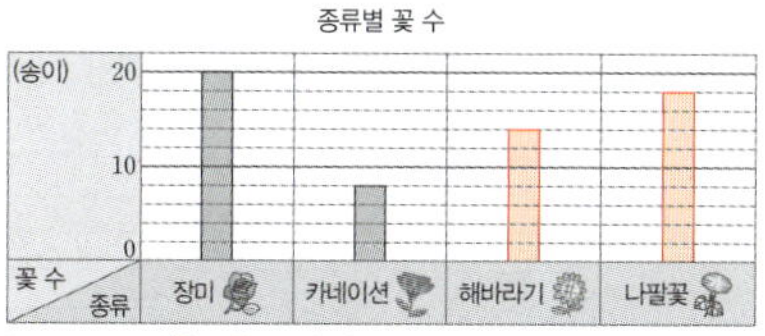

❖ 세로 눈금 한 칸은 10÷5=2(송이)를 나타냅니다. ➡ 장미: 20송이, 카네이션: 8송이
해바라기의 수를 □송이라고 하면 나팔꽃의 수는 (□＋4)송이입니다.
20＋8＋□＋□＋4=60, □＋□＋32=60, □＋□=28, □=28÷2=14입니다.
따라서 해바라기는 14송이, 나팔꽃은 18송이이므로 막대그래프에
해바라기는 14÷2=7(칸), 나팔꽃은 18÷2=9(칸)으로 막대를 그립니다.

★ 여러 자료의 막대그래프

6 세 학생의 양궁 기록을 나타낸 막대그래프입니다. 1회, 2회, 3회 기록의 합이 가장 높은 학생을 양궁 대표 선수로 뽑는다면 누가 대표 선수가 될지 구해 보세요.

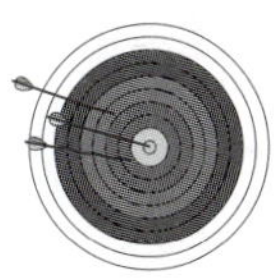

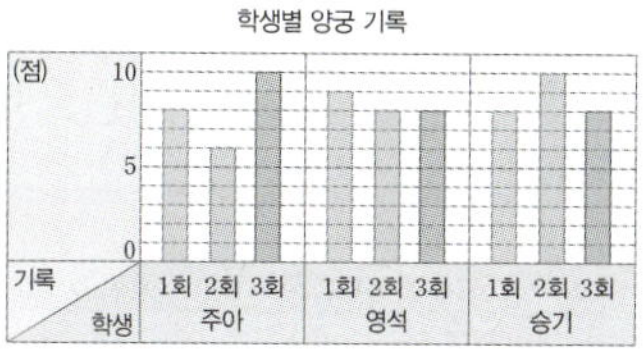

학생별 양궁 기록

답: **승기**

개념 피드백 · 기록의 합을 비교하여 대표 선수 정하기
① 막대그래프를 보고 사람별 기록의 합을 구합니다.
② 종목에 따라 기록의 합이 높은 사람이 대표 선수가 될지 낮은 사람이 대표 선수가 될지 정합니다.
참고 양궁은 기록의 합이 높을수록 잘하는 것이고 달리기는 기록의 합이 짧을수록 빠른 것입니다.

❖ 주아: 8＋6＋10=24(점), 영석: 9＋8＋8=25(점), 승기: 8＋10＋8=26(점)
따라서 양궁 대표 선수는 기록의 합이 가장 높은 승기가 될 것입니다.

6-1 세 학생의 50 m 달리기 기록을 나타낸 막대그래프입니다. 1회, 2회, 3회 기록의 합이 가장 짧은 학생을 50 m 달리기 대표 선수로 뽑는다면 누가 대표 선수가 될지 구해 보세요.

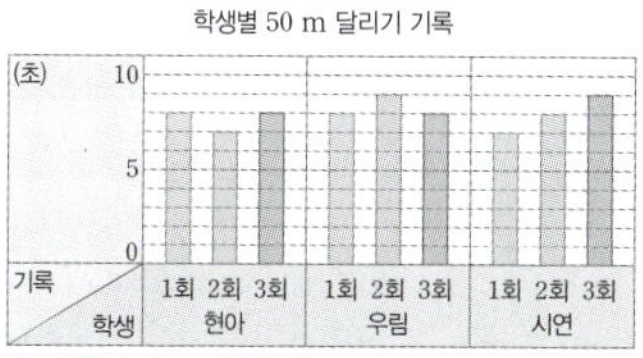

학생별 50 m 달리기 기록

답: **현아**

❖ 현아: 8＋7＋8=23(초),
우림: 8＋9＋8=25(초), 시연: 7＋8＋9=24(초)
따라서 50 m 달리기 대표 선수는
기록의 합이 가장 짧은 현아가 될 것입니다.

Test 교과서 서술형 연습

정답과 풀이 p.7

1 오른쪽은 영재가 3일 동안 책을 읽은 시간을 나타낸 막대그래프입니다. 영재가 3일 동안 책을 읽은 시간은 모두 몇 분인지 구해 보세요.

요일별 책을 읽은 시간

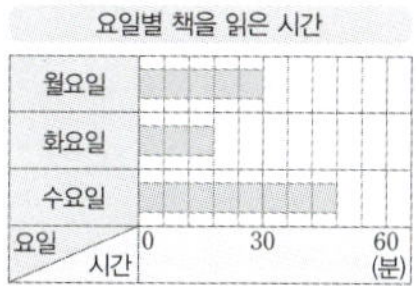

해결하기 막대그래프에서 가로 눈금 한 칸의 크기는 **30**÷5=**6**(분)입니다.
요일별 책을 읽은 시간은 월요일 **30**분, 화요일 **18**분,
수요일 **48**분이므로 영재가 3일 동안 책을 읽은 시간은 모두
30＋**18**＋**48**=**96**(분)입니다.

답 구하기 **96**분

2 용빈이가 4일 동안 운동한 시간을 나타낸 막대그래프입니다. 용빈이가 4일 동안 운동한 시간은 모두 몇 분인지 구해 보세요.

요일별 운동한 시간

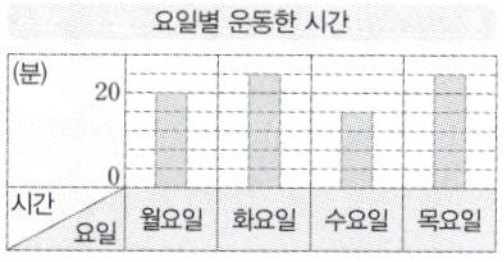

해결하기 **예** 막대그래프에서 세로 눈금 한 칸의 크기는
20÷5=4(분)입니다. 요일별 운동한 시간은 월요일
20분, 화요일 24분, 수요일 16분, 목요일 24분이므로
용빈이가 4일 동안 운동한
시간은 모두 20＋24＋16＋24=84(분)입니다.

답 구하기 **84분**

3 오른쪽은 지호네 학교 4학년 반별 반려견을 키우는 학생 수를 조사하여 나타낸 막대그래프입니다. 반려견을 키우는 학생이 가장 많은 반은 몇 반인지 구해 보세요.

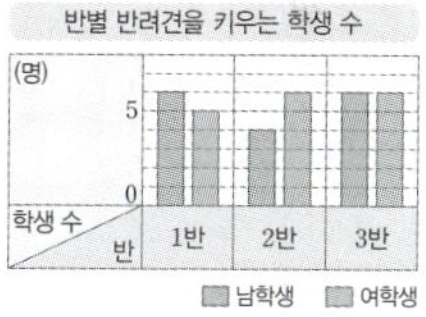

반별 반려견을 키우는 학생 수
■ 남학생 ■ 여학생

해결하기 반별 반려견을 키우는 남학생 수와 여학생 수를 더하면
1반이 **6**＋**5**=**11**(명), 2반이 **4**＋**6**=**10**(명),
3반이 **6**＋**6**=**12**(명)입니다.
따라서 반려견을 키우는 학생이 가장 많은 반은 **3**반입니다.

답 구하기 **3**반

4 오른쪽은 영진이네 학교 4학년 반별 태권도를 배우는 학생 수를 조사하여 나타낸 막대그래프입니다. 태권도를 배우는 학생은 남학생과 여학생 중 어느 쪽이 더 많은지 구해 보세요.

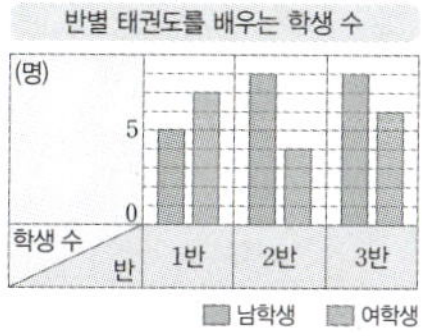

반별 태권도를 배우는 학생 수
■ 남학생 ■ 여학생

해결하기 **예** 태권도를 배우는 남학생 수는 5＋8＋8=21(명)입니다.
태권도를 배우는 여학생 수는 7＋4＋6=17(명)입니다.
21명＞17명이므로 태권도를 배우는 학생은 남학생이
여학생보다 많습니다. 답 구하기 **남학생**

PLAY 사고력 개념 스토리 — 눈금의 크기가 다른 막대그래프

(준비물) 붙임딱지

민지네 반 학생들이 좋아하는 음식별 학생 수를 조사하여 나타낸 표를 보고 막대그래프의 세로 눈금 한 칸의 크기를 구하여 세로 눈금 한 칸의 크기가 적힌 막대 붙임딱지를 붙여 막대그래프를 완성해 보세요. 그리고 아래 막대그래프에는 세로 눈금 한 칸의 크기가 위와 다른 막대 붙임딱지를 붙여 막대그래프를 완성해 보세요.

좋아하는 음식별 학생 수

음식	피자	햄버거	치킨	떡볶이	합계
학생 수(명)	8	6	10	4	28

좋아하는 음식별 학생 수

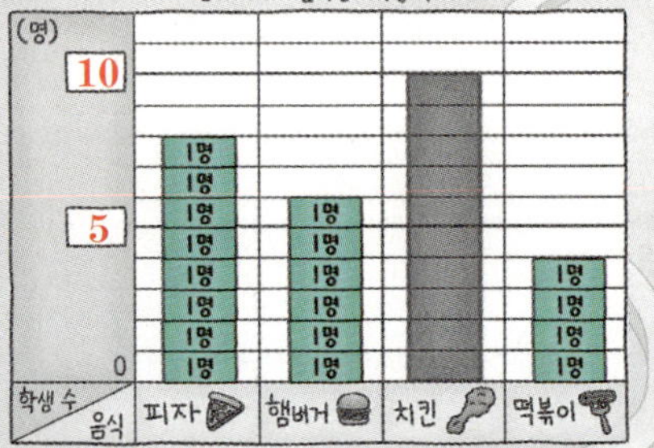

✤ 치킨을 좋아하는 학생 10명을 세로 눈금 10칸으로 나타냈으므로 세로 눈금 한 칸의 크기는 1명입니다.

좋아하는 음식별 학생 수

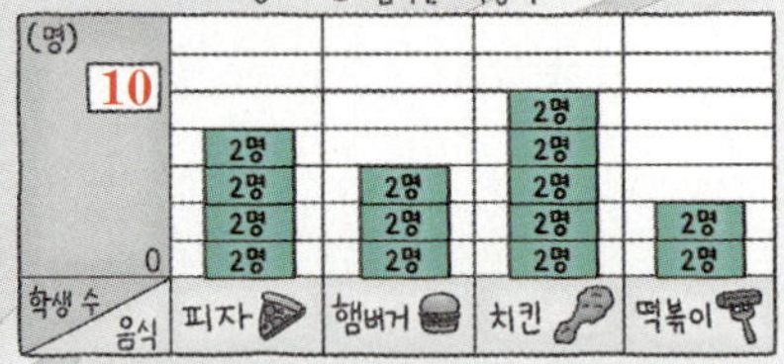

✤ 세로 눈금 한 칸의 크기가 2명인 막대그래프로 나타내면 피자: $8 \div 2 = 4$(칸), 햄버거: $6 \div 2 = 3$(칸), 치킨: $10 \div 2 = 5$(칸), 떡볶이: $4 \div 2 = 2$(칸)입니다.

공원에 있는 종류별 나무의 수를 조사하여 나타낸 막대그래프를 보고 세로 눈금 한 칸의 크기가 서로 다른 막대 붙임딱지를 붙여 2가지의 막대그래프를 완성해 보세요.

종류별 나무 수

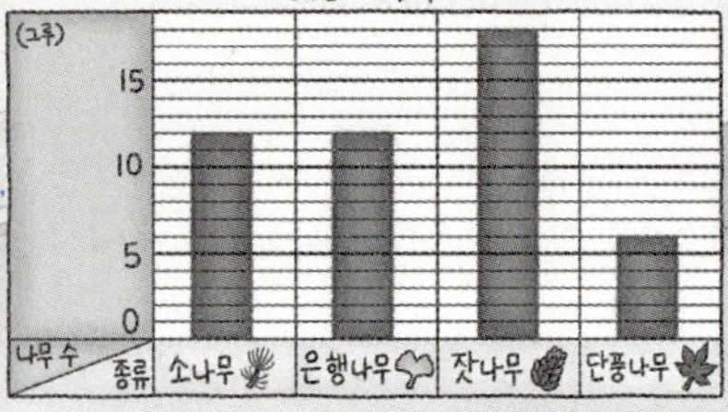

✤ 소나무: 12그루, 은행나무: 12그루, 잣나무: 18그루, 단풍나무: 6그루

종류별 나무 수

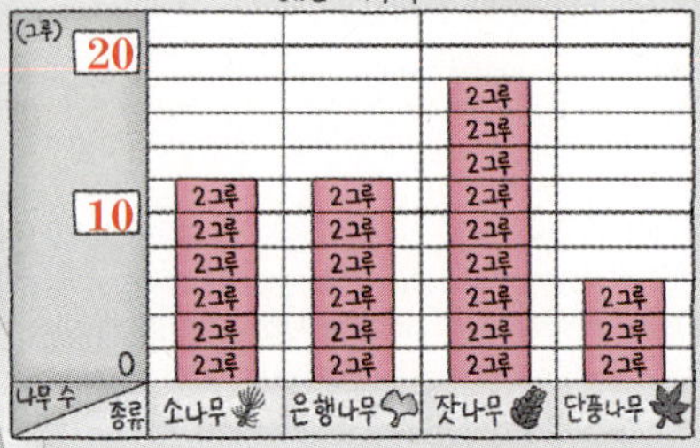

종류별 나무 수

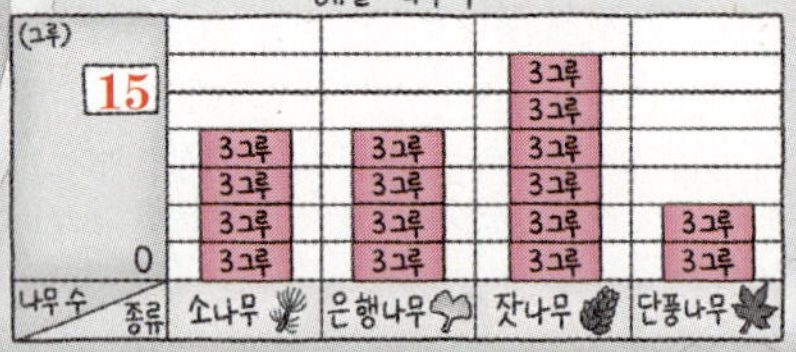

PLAY 사고력 개념 스토리 — 조건에 맞는 학생 수 구하기

(준비물) 붙임딱지

가희네 반 학생들이 좋아하는 동물을 조사하여 나타낸 표입니다. 물음에 답하세요.

좋아하는 동물별 학생 수

동물	강아지	고양이	기린	호랑이	합계
학생 수(명)	9		6		27

다음 조건을 보고 고양이와 호랑이를 좋아하는 학생 수만큼 각각 동물 붙임딱지를 붙여 보고, 막대그래프로 나타내어 보세요.

고양이를 좋아하는 학생 수는 호랑이를 좋아하는 학생 수의 2배입니다.

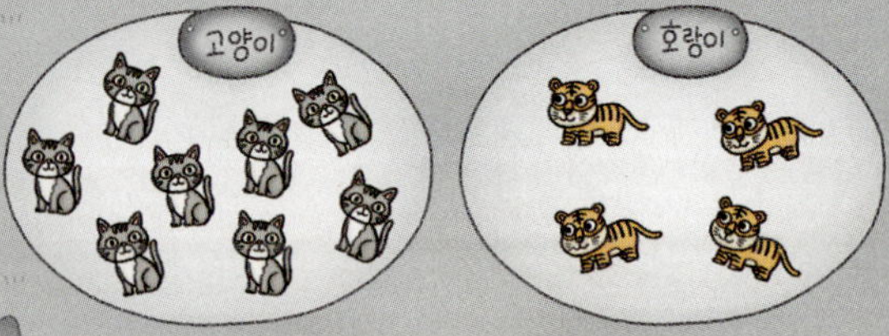

예) 좋아하는 동물별 학생 수

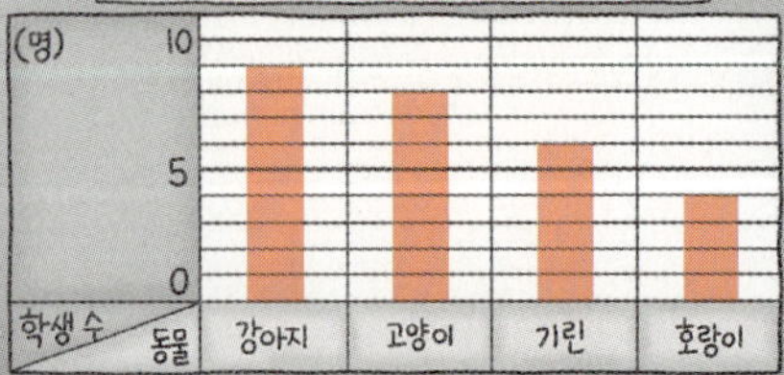

✤ 호랑이를 좋아하는 학생 수를 □명이라고 하면 고양이를 좋아하는 학생 수는 (□+□)명입니다.
$9+□+□+6+□=27$, $□+□+□+15=27$, $□+□+□=12$, $□=12 \div 3=4$
따라서 호랑이를 좋아하는 학생은 4명, 고양이를 좋아하는 학생은 8명입니다.

영호네 반 학생들이 존경하는 위인을 조사하여 나타낸 표입니다. 물음에 답하세요.

존경하는 위인별 학생 수

위인	이순신	유관순	정약용	세종대왕	합계
학생 수(명)		9	5		27

다음 조건을 보고 이순신과 세종대왕을 존경하는 학생 수만큼 각각 위인 붙임딱지를 붙여 보고, 막대그래프로 나타내어 보세요.

세종대왕을 존경하는 학생은 이순신을 존경하는 학생보다 3명 많습니다.

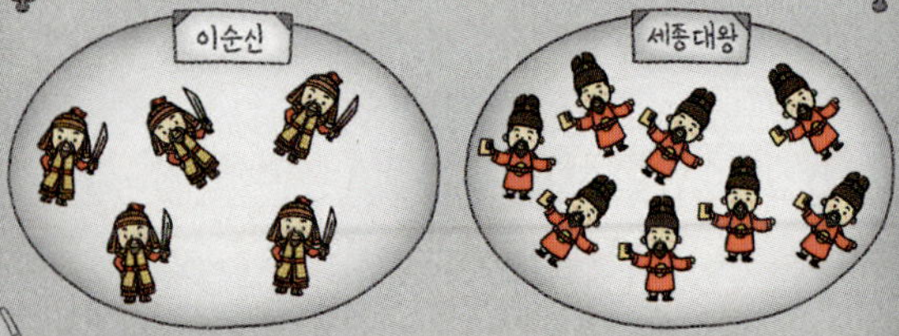

예) 존경하는 위인별 학생 수

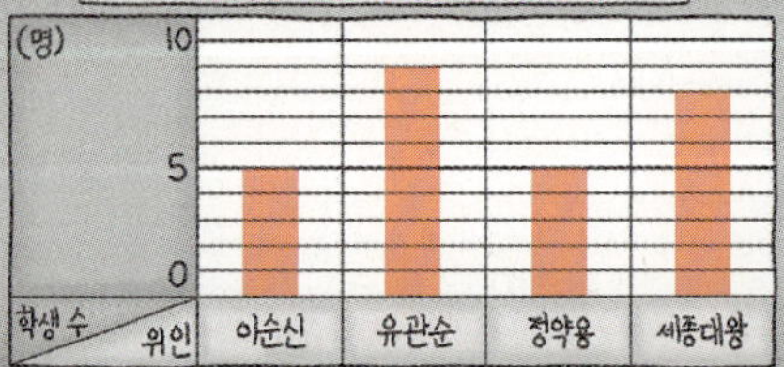

✤ 이순신을 존경하는 학생 수를 □명이라 하면 세종대왕을 존경하는 학생 수는 (□+3)명입니다.
➔ $□+9+5+□+3=27$, $□+□+17=27$, $□+□=10$, $□=10 \div 2=5$ ➔ 따라서 이순신을 존경하는 학생은 5명, 세종대왕을 존경하는 학생은 8명입니다.

1단계 교과 사고력 잡기

정답과 풀이 p.9

1 혜미는 갈비찜을 만들기 위해 필요한 재료 560 g과 재료의 양을 막대그래프로 나타낸 종이를 준비했습니다. 그런데 종이에 간장을 쏟아 잘 보이지 않게 되었습니다. 필요한 양파는 몇 g인지 구해 보세요.

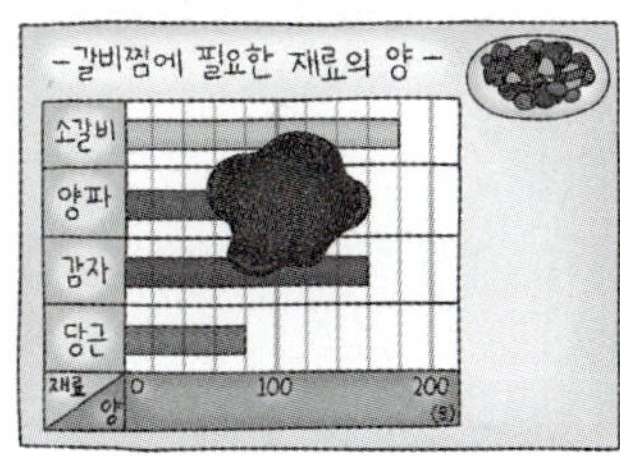

① 막대그래프의 가로 눈금 한 칸은 몇 g을 나타낼까요?

(**20 g**)

✤ 가로 눈금 5칸이 100 g을 나타내므로 가로 눈금 한 칸은 $100 \div 5 = 20$ (g)을 나타냅니다.

② 갈비찜을 만드는 데 필요한 소갈비, 감자, 당근의 양은 각각 몇 g인지 차례로 써 보세요.

(**180 g** , **160 g** , **80 g**)

✤ 소갈비: $20 \times 9 = 180$ (g), 감자: $20 \times 8 = 160$ (g), 당근: $20 \times 4 = 80$ (g)

③ 갈비찜을 만드는 데 필요한 양파의 양은 몇 g일까요?

(**140 g**)

✤ (필요한 양파의 양)$= 560 - 180 - 160 - 80 = 140$ (g)

2 주사위를 28번 던져서 나온 눈의 수를 표와 막대그래프로 정리하려고 합니다. 승희가 하는 말을 보고 주사위를 28번 던져서 나온 눈의 수를 표와 막대그래프로 나타내어 보세요.

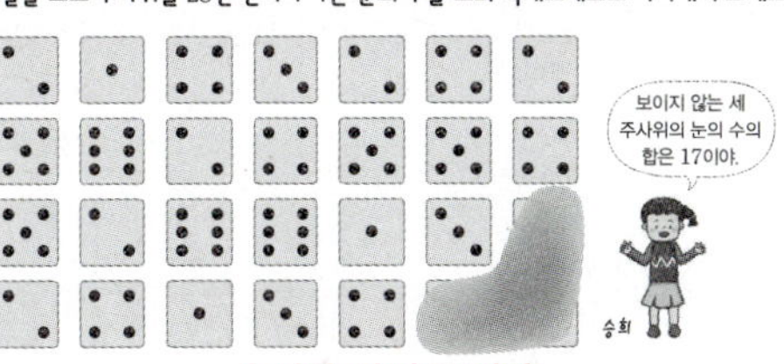

순서를 바꿔도 정답

① 보이지 않는 세 주사위의 눈을 그려 보세요.

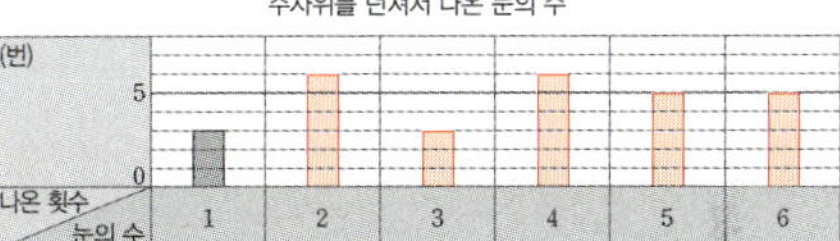

✤ 세 주사위의 눈의 수의 합이 17일 때 나올 수 있는 눈의 수는 $5 + 6 + 6 = 17$에서 5, 6, 6입니다.

② 표와 막대그래프를 완성해 보세요.

주사위를 던져서 나온 눈의 수

눈의 수	1	2	3	4	5	6	합계
나온 횟수(번)	3	6	3	6	5	5	28

주사위를 던져서 나온 눈의 수

1단계 교과 사고력 잡기

정답과 풀이 p.9

3 형주네 학교 4학년 학생들이 좋아하는 TV 프로그램을 조사하여 나타낸 막대그래프입니다. 4학년 남학생과 여학생의 수가 같을 때, 드라마를 좋아하는 여학생은 몇 명인지 구해 보세요.

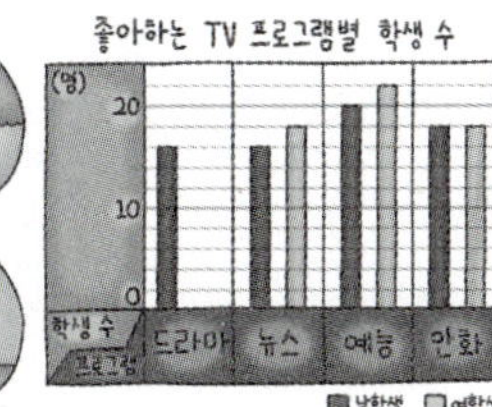

① 형주네 학교 4학년 남학생은 모두 몇 명일까요?

(**70명**)

✤ 세로 눈금 한 칸의 크기는 $10 \div 5 = 2$(명)입니다.
드라마: $2 \times 8 = 16$(명), 뉴스: $2 \times 8 = 16$(명), 예능: $2 \times 10 = 20$(명), 만화: $2 \times 9 = 18$(명) ➡ (4학년 남학생 수)$= 16 + 16 + 20 + 18 = 70$(명)

② 뉴스, 예능, 만화를 좋아하는 여학생은 각각 몇 명인지 차례로 써 보세요.

(**18명** , **22명** , **18명**)

✤ 뉴스: $2 \times 9 = 18$(명), 예능: $2 \times 11 = 22$(명), 만화: $2 \times 9 = 18$(명)

③ 드라마를 좋아하는 여학생은 몇 명일까요?

(**12명**)

✤ 4학년 남학생과 여학생의 수가 같으므로 여학생은 모두 70명입니다.
(드라마를 좋아하는 여학생 수)$= 70 - 18 - 22 - 18 = 12$(명)

4 과수원별 하루 토마토 생산량을 조사하여 나타낸 그림그래프와 막대그래프입니다. 승호가 하는 말을 보고 그림그래프와 막대그래프를 완성해 보세요.

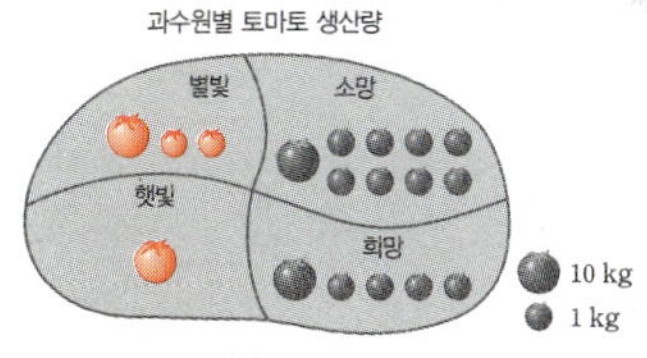

① 소망, 햇빛, 희망 과수원의 하루 토마토 생산량을 각각 구해 보세요.

소망 과수원: **18** kg, 햇빛 과수원: **10** kg, 희망 과수원: **14** kg

✤ 그림그래프에서 소망 과수원: 18 kg, 희망 과수원: 14 kg이고 막대그래프에서 햇빛 과수원: 10 kg입니다.

② 별빛 과수원의 하루 토마토 생산량은 몇 kg일까요?

(**12 kg**)

✤ $54 - 18 - 10 - 14 = 12$ (kg)

③ 위의 그림그래프와 막대그래프를 각각 완성해 보세요.

② 단계 교과 사고력 확장

정답과 풀이 p.10

1 정호와 동혁이가 양궁 대표 선수 자리를 두고 선발전을 합니다. 각 세트당 3발씩 쏘아 얻은 기록의 합을 나타낸 막대그래프입니다. 각 세트별로 이기면 2점, 비기면 1점, 지면 0점을 얻고 얻은 점수의 합이 더 높은 학생이 대표 선수가 된다고 할 때, 누가 대표 선수가 되어야 하는지 구해 보세요.

❶ 1세트의 기록의 합을 비교하여 두 학생이 얻는 점수를 각각 구해 보세요.

정호 (**2점**), 동혁 (**0점**)

✤ 1세트에서 정호의 막대의 길이가 더 길므로 정호가 이겼습니다. 따라서 정호는 2점, 동혁이는 0점을 얻습니다.

❷ 2세트의 기록의 합을 비교하여 두 학생이 얻는 점수를 각각 구해 보세요.

정호 (**0점**), 동혁 (**2점**)

✤ 2세트에서 동혁이의 막대의 길이가 더 깁니다. 따라서 정호는 0점, 동혁이는 2점을 얻습니다.

❸ 3세트의 기록의 합을 비교하여 두 학생이 얻는 점수를 각각 구해 보세요.

정호 (**0점**), 동혁 (**2점**)

✤ 3세트에서 동혁이의 막대의 길이가 더 깁니다. 따라서 정호는 0점, 동혁이는 2점을 얻습니다.

❹ 정호와 동혁이 중 누가 대표 선수가 되어야 하는지 쓰고, 그 이유를 설명해 보세요.

답 **동혁**

(예) **정호는 2점, 동혁이는 $2+2=4$(점)을 얻으므로 얻은 점수가 더 높은 동혁이가 대표 선수가 되어야 합니다.**

40 · Run - C 4-1

2 영훈이와 민지는 친구들과 두 조로 나누어서 신발 던지기 놀이를 하고 있습니다. 조별로 신발을 6짝씩 던져서 떨어진 과녁에 적혀 있는 숫자만큼 점수를 얻습니다. 영훈이네 조의 점수의 합이 민지네 조의 점수의 합보다 10점 더 높을 때, 영훈이네 조와 민지네 조의 과녁 점수별 신발 수를 막대그래프로 나타내어 보세요. (단, 신발이 과녁 밖에 떨어지면 다시 던졌습니다.)

❶ 영훈이네 조와 민지네 조의 점수의 합을 차례로 써 보세요.

(**130점**), (**120점**)

✤ (영훈이네 조의 점수의 합)$=30+20+20+20+20+20=130$(점)
영훈이네 조의 점수의 합이 민지네 조의 점수의 합보다 10점 더 높으므로 민지네 조의 점수의 합은 $130-10=120$(점)입니다.

❷ 영훈이네 조와 민지네 조의 과녁 점수별 신발 수를 막대그래프로 나타내어 보세요.

영훈이네 조의 과녁 점수별 신발 수 / 민지네 조의 과녁 점수별 신발 수

(짝) 5 / (짝) 5

신발 수 / 점수 / 10점 20점 30점

✤ 민지네 조가 얻은 점수는 120점이고 30점 과녁에는 신발 2짝만 있으므로 민지네 조가 10점과 20점 과녁에서 얻은 점수의 합은 $120-30-30=60$(점)입니다. 신발 4짝을 던져서 60점이 나오는 경우는 $10+10+20+20=60$(점)일 때이므로 10점 과녁에 2짝, 20점 과녁에 2짝이 있습니다.

5. 막대그래프 · 41

---

② 단계 교과 사고력 확장

정답과 풀이 p.10

3 지혜네 학교 4학년 학생과 선생님이 현장 체험 학습을 가려고 합니다. 반별 현장 체험 학습을 가는 학생 수를 조사하여 나타낸 막대그래프와 선생님이 하는 말을 보고 가장 많은 학생이 현장 체험 학습을 가는 반을 구해 보세요.

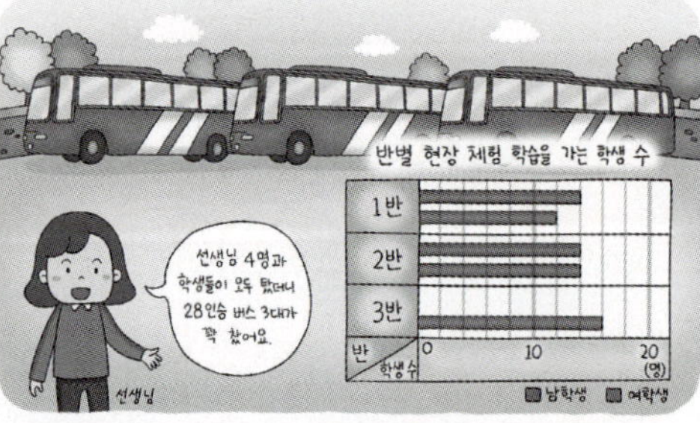

❶ 현장 체험 학습을 가는 4학년 학생은 모두 몇 명일까요?

(**80명**)

✤ 버스에 타는 인원은 28인승 버스 3대를 꽉 채우므로 $28\times3=84$(명)입니다. 이 중 4명은 선생님이므로 현장 체험 학습을 가는 4학년 학생은 모두 $84-4=80$(명)입니다.

❷ 현장 체험 학습을 가는 3반 남학생은 몇 명일까요?

(**10명**)

✤ 전체 학생 수가 80명이므로 현장 체험 학습을 가는 3반 남학생 수는 $80-14-12-14-14-16=10$(명)입니다.

❸ 가장 많은 학생이 현장 체험 학습을 가는 반은 몇 반일까요?

(**2반**)

✤ 1반: $14+12=26$(명), 2반: $14+14=28$(명), 3반: $10+16=26$(명)이므로 가장 많은 학생이 현장 체험 학습을 가는 반은 2반입니다.

42 · Run - C 4-1

4 지수네 모둠 학생들이 1년 동안 읽은 책의 수를 조사하여 나타낸 그림그래프와 막대그래프입니다. 그림그래프와 막대그래프를 완성하고 지수네 모둠 학생들이 1년 동안 읽은 책은 모두 몇 권인지 구해 보세요.

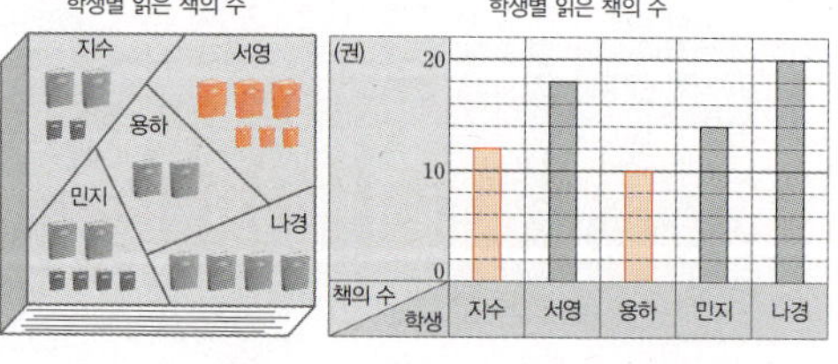

❶ 그림그래프에서 █과 ▪은 각각 몇 권을 나타내는지 구해 보세요.

█ (**5권**), ▪ (**1권**)

✤ 막대그래프에서 나경이는 20권을 읽었는데 그림그래프에서 큰 그림 4개로 나타내었으므로 큰 그림 1개는 $20\div4=5$(권)을 나타냅니다. 막대그래프에서 민지는 14권을 읽었는데 그림그래프에서 큰 그림 2개와 작은 그림 4개로 나타내었으므로 작은 그림 1개는 $14-5-5=4$, $4\div4=1$(권)을 나타냅니다.

❷ 위의 그림그래프와 막대그래프를 완성해 보세요.

✤ 지수: 12권, 서영: 18권, 용하: 10권, 민지: 14권, 나경: 20권

❸ 지수네 모둠 학생들이 1년 동안 읽은 책은 모두 몇 권일까요?

(**74권**)

✤ $12+18+10+14+20=74$(권)

5. 막대그래프 · 43

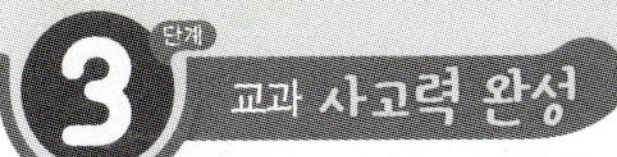

3 단계 교과 사고력 완성

정답과 풀이 p.11

□개념 이해력 □개념 응용력 □창의력 ☑문제 해결력

1 다음은 지후의 제기차기 기록을 나타낸 표입니다. 지후의 3회 때 제기차기 기록은 1회 때 기록의 2배보다 3번 적습니다. 지후의 제기차기 기록을 세로 눈금이 11칸인 막대그래프로 나타내려고 할 때, 막대그래프의 세로 눈금 한 칸은 적어도 몇 번을 나타내어야 하는지 구해 보세요.

지후의 제기차기 기록

회	1회	2회	3회	4회	합계
제기차기 기록(번)	**18**	21	**33**	30	102

❶ 위의 표를 완성해 보세요.

✤ (1회 때와 3회 때의 제기차기 기록의 합)$=102-21-30=51$(번)
1회 때의 기록을 □번이라고 하면 3회 때의 기록은 (□+□−3)번이므로
□+□+□−3=51, □+□+□=54, □$=54\div3=18$(번)입니다.
따라서 1회 때의 기록은 18번, 3회 때의 기록은 $18+18-3=33$(번)입니다.

❷ 막대그래프의 세로 눈금 한 칸은 적어도 몇 번을 나타내어야 할까요?

(**3번**)

✤ 막대그래프에 가장 큰 수인 33을 나타낼 수 있어야 하고, $33\div11=3$이므로 세로 눈금 한 칸은 적어도 3번을 나타내어야 합니다.

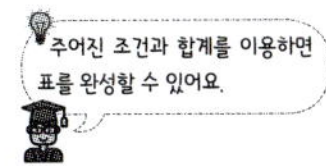

정답과 풀이 p.11

□개념 이해력 □개념 응용력 □창의력 ☑문제 해결력

2 다음은 성민이가 4주 동안 받은 용돈을 막대그래프로 나타낸 것입니다. 성민이가 4주 동안 받은 용돈의 합이 12000원일 때 막대그래프의 세로 눈금 한 칸은 얼마를 나타내는지 구해 보세요.

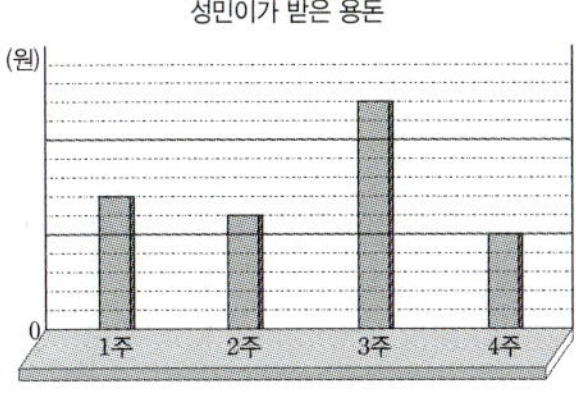

2 주 사고력

❶ 위 막대그래프에서 1주부터 4주까지의 막대의 세로 눈금은 모두 몇 칸일까요?

(**30칸**)

✤ 막대의 세로 눈금의 수가 1주는 7칸, 2주는 6칸, 3주는 12칸, 4주는 5칸이므로 모두 $7+6+12+5=30$(칸)입니다.

❷ 막대그래프의 세로 눈금 한 칸은 얼마를 나타낼까요?

(**400원**)

✤ 세로 눈금 30칸이 12000원을 나타내므로
$30\times400=12000$에서 세로 눈금 한 칸은 400원을 나타냅니다.

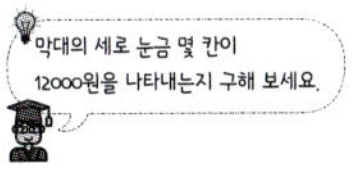

Test 종합평가 5. 막대그래프

맞은 개수

정답과 풀이 p.11

[1~4] 가희네 반 학급 문고에 있는 책의 종류를 조사하여 나타낸 막대그래프입니다. 물음에 답하세요.

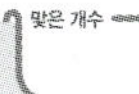

1 막대의 길이는 무엇을 나타낼까요?

(**종류별 책의 수**)

✤ 막대그래프에서 막대의 길이는 종류별 책의 수를 나타냅니다.

2 막대그래프의 세로 눈금 한 칸은 몇 권을 나타낼까요?

(**1권**)

✤ 세로 눈금 5칸이 5권을 나타내므로 세로 눈금 한 칸은 1권을 나타냅니다.

3 가장 적은 책의 종류는 무엇일까요?

(**만화책**)

✤ 막대의 길이가 가장 짧은 것은 만화책이므로 가장 적은 책의 종류는 만화책입니다.

4 동화책은 과학책보다 몇 권 더 많을까요?

(**3권**)

✤ 동화책은 10권이고 과학책은 7권이므로 동화책은 과학책보다 $10-7=3$(권) 많습니다.

[5~7] 가은이가 문구점에서 산 학용품입니다. 물음에 답하세요.

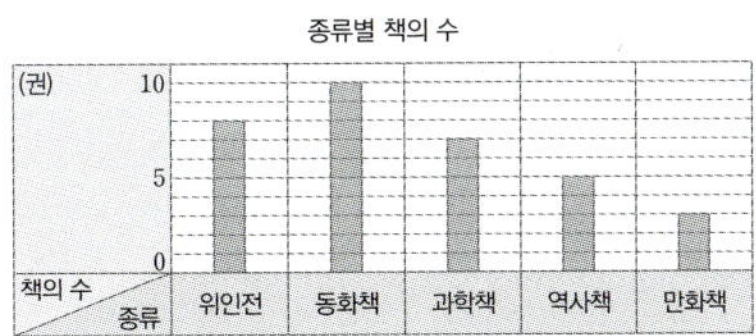

2 주 평가

5 종류별 학용품의 수를 표로 정리해 보세요.

종류별 학용품 수

종류	풀	필통	가위	지우개	합계
학용품 수(개)	**6**	**5**	**3**	**7**	**21**

6 위 5의 표를 보고 가로로 된 막대그래프로 나타내어 보세요.

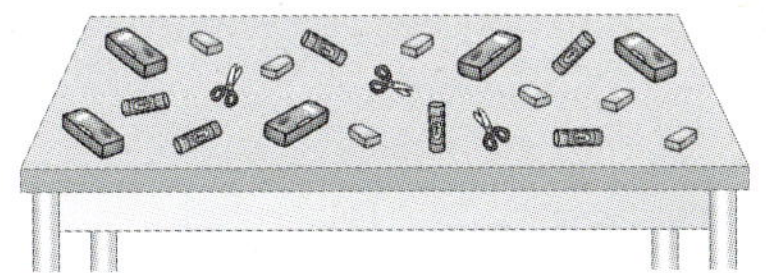

7 알맞은 말에 ◯표 하세요.

종류별 학용품 수의 많고 적음을 한눈에 알아보기에 더 편리한 것은 (표 , 막대그래프)입니다.

✤ 각 항목별 수의 크기를 비교하기에 더 편리한 것은 막대그래프입니다.

정답과 풀이 · **11**

Test 종합평가 5. 막대그래프   정답과 풀이 p.12

[8-11] 어느 문화 센터의 강좌별 수강자 수를 조사하여 나타낸 막대그래프입니다. 영어 교실의 수강자 수는 춤 교실의 수강자 수보다 2명 적습니다. 물음에 답하세요.

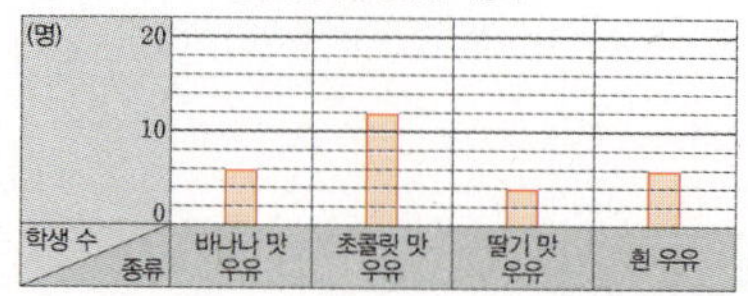

8 영어 교실의 수강자는 몇 명일까요?

(**18명**)

✦ 춤 교실의 수강자가 20명이므로 영어 교실의 수강자는
20−2=18(명)입니다.

9 위의 막대그래프를 완성해 보세요.

✦ 막대그래프의 세로 눈금 한 칸이 2명을 나타내므로 영어 교실은
18÷2=9(칸)으로 나타냅니다.

10 수강자가 많은 강좌부터 차례로 써 보세요.

(**춤 교실 . 영어 교실 . 요리 교실 . 노래 교실**)

✦ 막대의 길이가 긴 강좌부터 차례로 쓰면
춤 교실, 영어 교실, 요리 교실, 노래 교실입니다.

11 문화 센터의 전체 수강자 수를 구해 보세요.

(**68명**)

✦ 요리 교실: 16명, 영어 교실: 18명, 춤 교실: 20명, 노래 교실: 14명
➜ 16+18+20+14=68(명)

[12-15] 형우네 반 학생들이 좋아하는 우유 종류를 조사하여 나타낸 표입니다. 물음에 답하세요.

좋아하는 우유 종류별 학생 수

종류	바나나 맛 우유	초콜릿 맛 우유	딸기 맛 우유	흰 우유	합계
학생 수(명)	6	12		6	28

12 딸기 맛 우유를 좋아하는 학생은 몇 명일까요?

(**4명**)

✦ 28−6−12−6=4(명)

13 위의 표를 보고 막대그래프로 나타낼 때 세로 눈금 한 칸을 2명으로 나타낸다면 세로 눈금은 적어도 몇 칸까지 있어야 할까요?

(**6칸**)

✦ 막대그래프의 세로 눈금은 자료 중 가장 큰 수인 12를 나타낼 수 있어야
하므로 세로 눈금은 적어도 12÷2=6(칸)까지는 있어야 합니다.

14 가장 많은 학생들이 좋아하는 우유 종류와 가장 적은 학생들이 좋아하는 우유 종류의 학생 수의 차는 몇 명일까요?

✦ 가장 많은 학생들이 좋아하는 우유 종류는 초콜릿 맛 (**8명**)
우유이고, 좋아하는 학생은 12명입니다. 가장 적은 학생들이 좋아하는 우유
종류는 딸기 맛 우유이고, 좋아하는 학생은 4명입니다. ➜ 12−4=8(명)

15 위의 표를 보고 막대그래프로 나타내어 보세요.

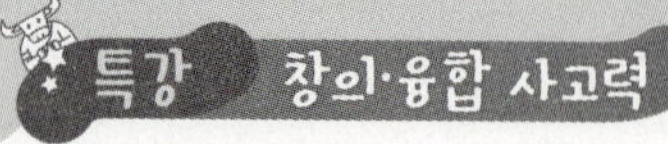

Test 종합평가 5. 막대그래프   정답과 풀이 p.12

[16-17] 현수네 학교 4학년 반별 남학생 수와 여학생 수를 조사하여 나타낸 막대그래프입니다. 4학년 남학생 수는 여학생 수보다 6명 적습니다. 물음에 답하세요.

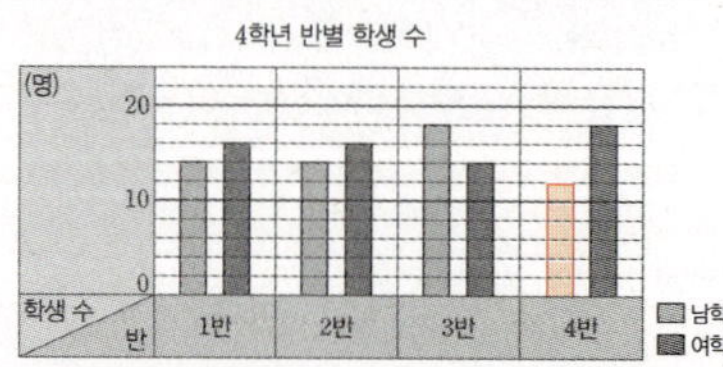

16 막대그래프를 완성해 보세요.
✦ (4학년 여학생 수)=16+16+14+18=64(명)
4학년 남학생 수는 여학생 수보다 6명 적으므로 64−6=58(명)입니다.
(4반 남학생 수)=58−14−14−18=12(명) ➜ 막대그래프의 세로 눈금
한 칸이 2명을 나타내므로 4반 남학생은 12÷2=6(칸)으로 막대를 그립니다.

17 남학생 수와 여학생 수의 차가 가장 큰 반은 몇 반일까요?

(**4반**)

✦ 남학생 수를 나타내는 막대와 여학생 수를 나타내는 막대의 길이의
차가 가장 큰 반을 찾으면 4반입니다.

18 소희네 반 학생들이 좋아하는 놀이 기구를 조사하여 나타낸 표입니다. 표를 보고 막대그래프로 나타내려고 합니다. 대관람차를 좋아하는 학생이 범퍼카를 좋아하는 학생보다 4명 많을 때, 막대그래프의 세로 눈금 한 칸을 2명으로 나타낸다면 세로 눈금은 적어도 몇 칸까지 있어야 하는지 구해 보세요.

좋아하는 놀이 기구별 학생 수

놀이 기구	바이킹	회전목마	대관람차	범퍼카	합계
학생 수(명)	6	8			30

✦ (대관람차와 범퍼카를 좋아하는 학생 수)=30−6−8=16(명)(**5칸**)
범퍼카를 좋아하는 학생 수를 □명이라고 하면 대관람차를 좋아하는 학생 수는
(□+4)명이므로 □+□+4=16, □+□=12, □=6입니다.
따라서 범퍼카를 좋아하는 학생은 6명, 대관람차를 좋아하는 학생은 10명입니다.
막대그래프의 세로 눈금 한 칸을 2명으로 나타낸다면 가장 큰 수인 10을 나타낼
수 있어야 하므로 세로 눈금은 적어도 10÷2=5(칸)까지는 있어야 합니다.

특강 창의·융합 사고력   정답과 풀이 p.12

1 서울시 교육청은 학생들의 두발 자유화를 선언하고 학교들이 이를 반영할 수 있도록 추진하기로 했습니다. 빠르면 2019년 2학기부터 서울시 모든 중·고등학교 학생들이 학교 구성원의 합의에 따라 장발, 파마, 염색을 할 수 있게 됩니다. 두발 자유화를 선언하자 이를 둘러싼 찬반 공방이 치열합니다. 아래 기사를 보고 물음에 답하세요.

서울시 교육청은 2019년 2학기부터 중·고등학생의 머리카락의 길이나 파마, 염색을 제한하지 않겠다는 두발 자유화 방침을 밝혔습니다. 두발 자유화에 대하여 성인 100명의 생각을 들어 보니 '매우 찬성'이 14명, '찬성하는 편'이 30명, '반대하는 편'이 30명, '매우 반대'가 26명이었습니다.

(1) 기사 내용을 표로 정리해 보세요.

두발 자유화에 대한 의견별 사람 수

의견	매우 찬성	찬성하는 편	반대하는 편	매우 반대	합계
사람 수(명)	**14**	**30**	**30**	**26**	**100**

(2) 위 표를 보고 막대그래프로 나타내어 보세요.

두발 자유화에 대한 의견별 사람 수

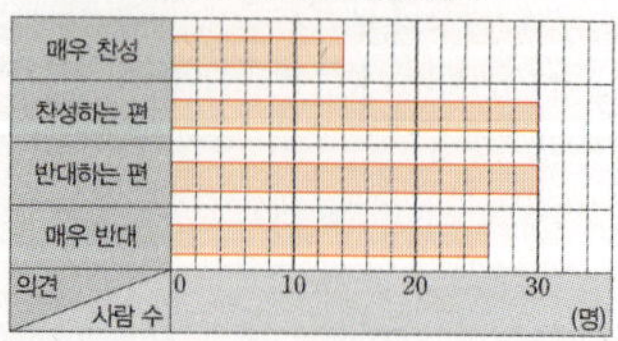

6 규칙 찾기

피보나치 수열

레오나르도 피보나치는 1170년에 태어난 이탈리아의 수학자로, 피보나치 수에 대한 연구로 유명해진 사람입니다.
어떤 수를 나열할 때 앞의 두 수의 합이 바로 뒤의 수가 되는 규칙을 피보나치(Fibonacci) 수열이라고 합니다.
피보나치 수열은 자연 속에서도 찾아볼 수 있습니다. 한 쌍의 토끼가 계속 새끼를 낳을 경우 불어나는 토끼의 수를 이용하여 피보나치 수열에 대해 알아볼까요?

☆ 토끼의 수로 알아보는 피보나치 수열

"어떤 농부가 방금 태어난 토끼 한 쌍을 가지고 있었어. 이 한 쌍의 토끼는 두 달 후부터 매달 암수 한 쌍의 새끼를 낳고, 절대로 죽지 않는다고 가정하자. 그리고 새로 태어난 토끼도 태어난 지 두 달 후부터는 매달 한 쌍씩 암수 새끼를 낳는다면 5개월 후에는 모두 몇 쌍의 토끼가 있을까?"

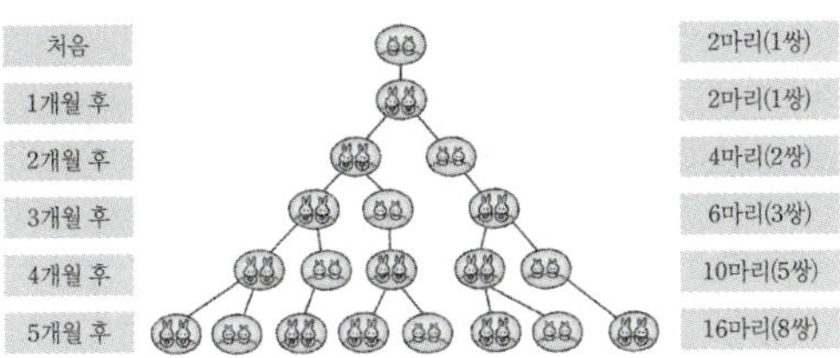

위의 그림처럼 1개월 후에는 한 쌍의 토끼(1), 2개월 후에는 어른이 된 토끼 한 쌍과 새로 태어난 토끼 한 쌍(2), 3개월 후에는 어른 토끼 두 쌍과 새로 태어난 토끼 한 쌍이 있어 모두 세 쌍(3)이 됩니다. 이렇게 매달 토끼가 몇 쌍인지 세어 보면 1, 2, 3, 5, 8……이 됩니다.
이와 같이 앞의 두 수의 합이 바로 뒤의 수가 되는 수의 배열을 피보나치 수열이라고 합니다.

오른쪽 앵무조개의 껍질에서도 피보나치 수열을 찾을 수 있습니다.
다음은 앵무조개의 껍질의 단면을 따라 그린 것입니다. 표시한 부분의 길이를 각각 자로 재어 보고 피보나치 수열을 완성해 보세요.

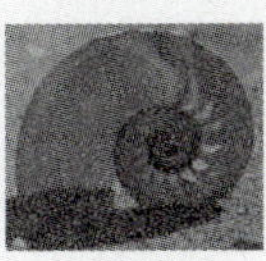
▲ 앵무조개

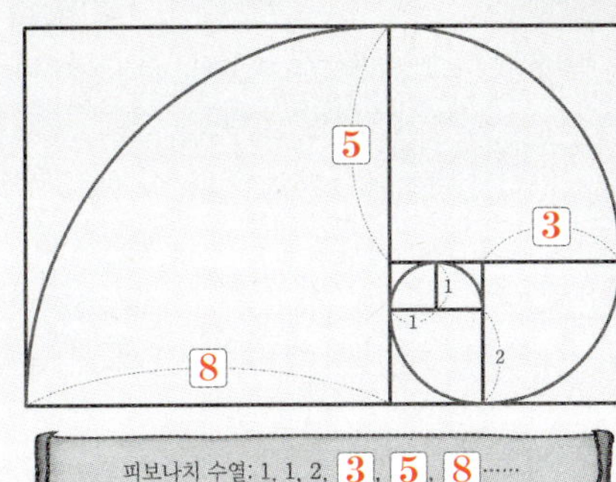

피보나치 수열: 1, 1, 2, 3, 5, 8……

피보나치 수열의 규칙에 따라 표를 완성해 보세요.

순서	첫째	둘째	셋째	넷째	다섯째
식	1	1	1+1	1+2	2+3
수	1	1	2	3	5

순서	여섯째	일곱째	여덟째	아홉째	열째
식	3+5	5+8	8+13	13+21	21+34
수	8	13	21	34	55

단계 1 교과서 개념 잡기

개념 1 수 배열표에서 규칙 찾기

101	201	301	401	501
111	211	311	411	511
121	221	321	421	521
131	231	331	431	531
141	241	341	441	541

➜ 가로(→)는 101부터 시작하여 오른쪽으로 100씩 커집니다.
세로(↓)는 101부터 시작하여 아래쪽으로 10씩 커집니다.
↘ 방향은 101부터 시작하여 110씩 커집니다.

개념 2 수의 배열에서 규칙 찾기

· 수의 배열에서 규칙 찾기

➜ 5부터 시작하여 3씩 곱한 수가 오른쪽에 있습니다.
405에서부터 왼쪽으로 3씩 나누는 규칙이 있습니다.

· 수 배열표의 수의 배열에서 규칙 찾기

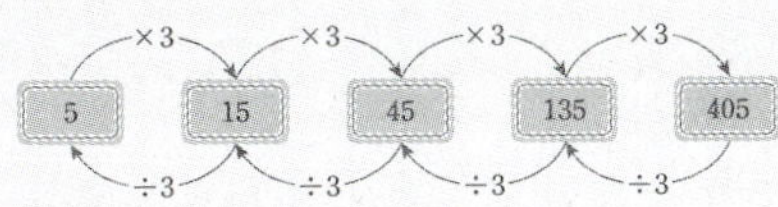

	11	12	13	14
1	2	3	4	5
2	3	4	5	6
3	4	5	6	7
4	5	6	7	8

11+1=12, 12+1=13,
13+1=14, 14+1=15……
➜ 두 수의 덧셈 결과에서 일의 자리 숫자를 쓰는 규칙입니다.

개념 확인 문제

※ 정답과 풀이 p.13

1-1 수 배열표의 규칙에 따라 빈칸에 알맞은 수를 써넣으세요.

5	10	15	20	25	30	35	40
45	50	55	60	65	70	75	80
85	90	95	100	105	110	115	120
125	130	135	140	145	150	155	160
165	170	175	180	185	190	195	200

✤ 가로(→)는 오른쪽으로 5씩 커집니다.
세로(↓)는 아래쪽으로 40씩 커집니다.

1-2 수 배열표를 보고 물음에 답하세요.

1000	1100	1200	1300	1400	1500
2000	2100	2200	2300	2400	2500
3000	3100	3200	3300	3400	3500
4000	4100	4200	4300	4400	4500

(1) 위의 빈칸에 알맞은 수를 써넣으세요.

(2) 색칠된 칸에 규칙을 찾아 쓴 것입니다. ☐ 안에 알맞은 수를 써넣고 알맞은 말에 ○표 하세요.

색칠된 칸은 1000부터 시작하여 ↘ 방향으로 1100 씩 (커지는, 작아지는) 규칙입니다.

✤ 가로(→)는 오른쪽으로 100씩 커집니다.
세로(↓)는 아래쪽으로 1000씩 커집니다.

✤ 1000 — 2100 — 3200 — 4300
+1100 +1100 +1100

2-1 수 배열의 규칙에 따라 빈칸에 알맞은 수를 써넣으세요.

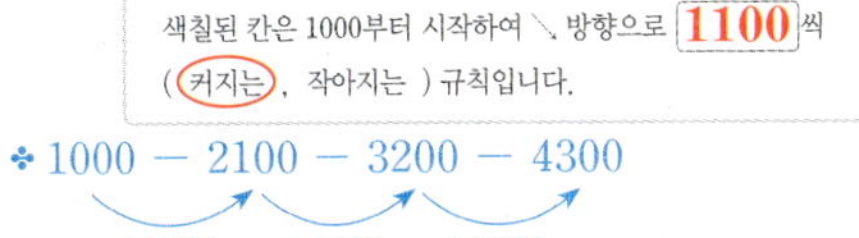

✤ (1) 23부터 시작하여 3씩 곱한 수가 오른쪽에 있습니다. ➜ 621×3=1863
(2) 720부터 시작하여 2씩 나눈 수가 오른쪽에 있습니다. ➜ 180÷2=90

1 교과서 개념 잡기

개념 3 도형의 배열에서 규칙 찾기

· 도형의 배열에서 수의 규칙 찾기

첫째　둘째　셋째　넷째

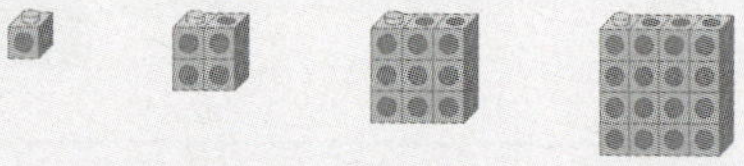

① 모형의 수가 1개에서 시작하여 3개, 5개, 7개……씩 더 늘어납니다.

순서	첫째	둘째	셋째	넷째
모형의 수(개)	1	4	9	16

　　　　　+3　+5　+7

② 다섯째에 알맞은 도형에서 모형의 수는 25개이고 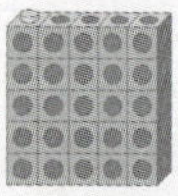 　　　　 모양입니다.

16＋9＝25(개)

· 도형의 배열에서 모양의 변화 규칙 찾기

첫째　　둘째　　셋째　　넷째

① 하늘색 사각형을 중심으로 시계 반대 방향으로 90°만큼씩 돌리기 하며 분홍색 사각형의 수가 1개, 2개, 3개……로 늘어납니다.

순서	첫째	둘째	셋째	넷째
사각형의 수(개)	2	3	4	5

② 다섯째에 알맞은 도형의 모양은 　　　　　 입니다.

개념 확인 문제

정답과 풀이 p.14

3-1 모형으로 만든 모양의 배열을 보고 물음에 답하세요.

첫째　둘째　셋째　넷째　다섯째
?

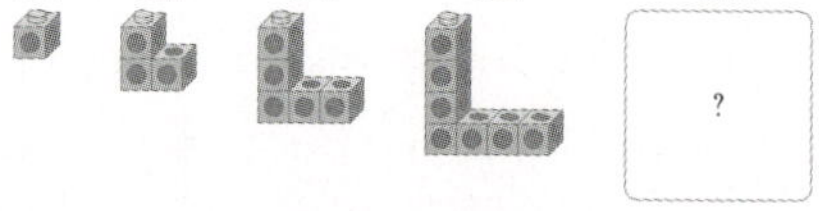

(1) 모양의 배열에서 규칙을 찾아 □ 안에 알맞은 수를 써넣으세요.

모형의 수가 1개에서 시작하여 **2**개씩 늘어납니다.

(2) 다섯째에 알맞은 모양에서 모형의 수는 몇 개인지 구해 보세요.

(**9개**)

(3) 다섯째에 알맞은 모양을 그려 보세요. (단, 모형 을 □로 그립니다.)

✜ 넷째 모양에서 위쪽과 오른쪽에 모형이 각각 1개씩 더 늘어난 모양입니다.

다섯째

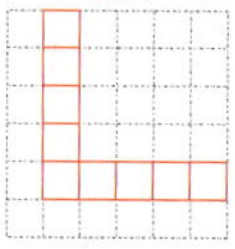

참고 모눈 위치에 관계없이 모양만 바르게 그렸으면 정답으로 인정합니다.

✜ (2)

순서	첫째	둘째	셋째	넷째	다섯째
모형의 수(개)	1	3	5	7	9

　　　　　+2　+2　+2　+2

3-2 바둑돌의 배열을 보고 다섯째에 알맞은 모양에서 바둑돌의 수를 구해 보세요.

첫째　둘째　셋째　넷째

(**13개**)

✜ 바둑돌의 수가 1개, 4개, 7개, 10개로 3개씩 늘어납니다. 따라서 다섯째에 알맞은 모양에서 바둑돌의 수는 10＋3＝13(개)입니다.

---

1 교과서 개념 잡기

개념 4 계산식에서 규칙 찾기

· 덧셈식과 뺄셈식에서 규칙 찾기

덧셈식	뺄셈식
102＋203＝305	583－152＝431
112＋213＝325	683－252＝431
122＋223＝345	783－352＝431

① 덧셈식: 십의 자리 수가 각각 1씩 커지는 두 수의 합은 20씩 커집니다.
② 뺄셈식: 같은 자리의 수가 똑같이 커지는 두 수의 차는 항상 일정합니다.

· 곱셈식과 나눗셈식에서 규칙 찾기

곱셈식	나눗셈식
10×10＝100	110÷11＝10
20×10＝200	220÷11＝20
30×10＝300	330÷11＝30

① 곱셈식: 10, 20, 30……과 같이 10씩 커지는 수에 10을 곱하면 계산 결과는 100씩 커집니다.
② 나눗셈식: 110, 220, 330……과 같이 110씩 커지는 수를 11로 나누면 계산 결과는 10씩 커집니다.

· 복잡한 계산식에서 규칙 찾기

순서	계산식
첫째	12345679×9＝111111111
둘째	12345679×18＝222222222
셋째	12345679×27＝333333333
넷째	12345679×36＝444444444

12345679에 9를 1배 한 수를 곱하면 각 자리 숫자가 1인 9자리 수, 2배 한 수를 곱하면 각 자리 숫자가 2인 9자리 수 ……

➡ 12345679에 9, 18, 27, 36……과 같이 9의 배수를 곱하면 계산 결과는 111111111씩 커집니다.

개념 확인 문제

정답과 풀이 p.14

4-1 보기 의 계산식을 보고 설명에 맞는 계산식을 찾아 기호를 써 보세요.

보기

㉠	㉡	㉢
630＋150＝780	156＋214＝370	304＋103＝407
530＋150＝680	256＋314＝570	314＋113＝427
430＋150＝580	356＋414＝770	324＋123＝447
330＋150＝480	456＋514＝970	334＋133＝467

백의 자리 수가 각각 1씩 커지는 두 수의 합은 200씩 커집니다.

(**㉡**)

4-2 보기 의 계산식을 보고 물음에 답하세요.

보기

㉠	㉡	㉢
200÷10＝20	30×11＝330	120÷12＝10
400÷20＝20	40×11＝440	240÷12＝20
600÷30＝20	50×11＝550	360÷12＝30
800÷40＝20	60×11＝660	480÷12＝40

(1) 설명에 맞는 계산식을 찾아 기호를 써 보세요.

나누는 수는 같고 나누어지는 수만 120씩 커지면 몫은 10씩 커집니다.

(**㉢**)

(2) 민현이의 생각과 같은 규칙적인 계산식을 찾아 기호를 써 보세요.

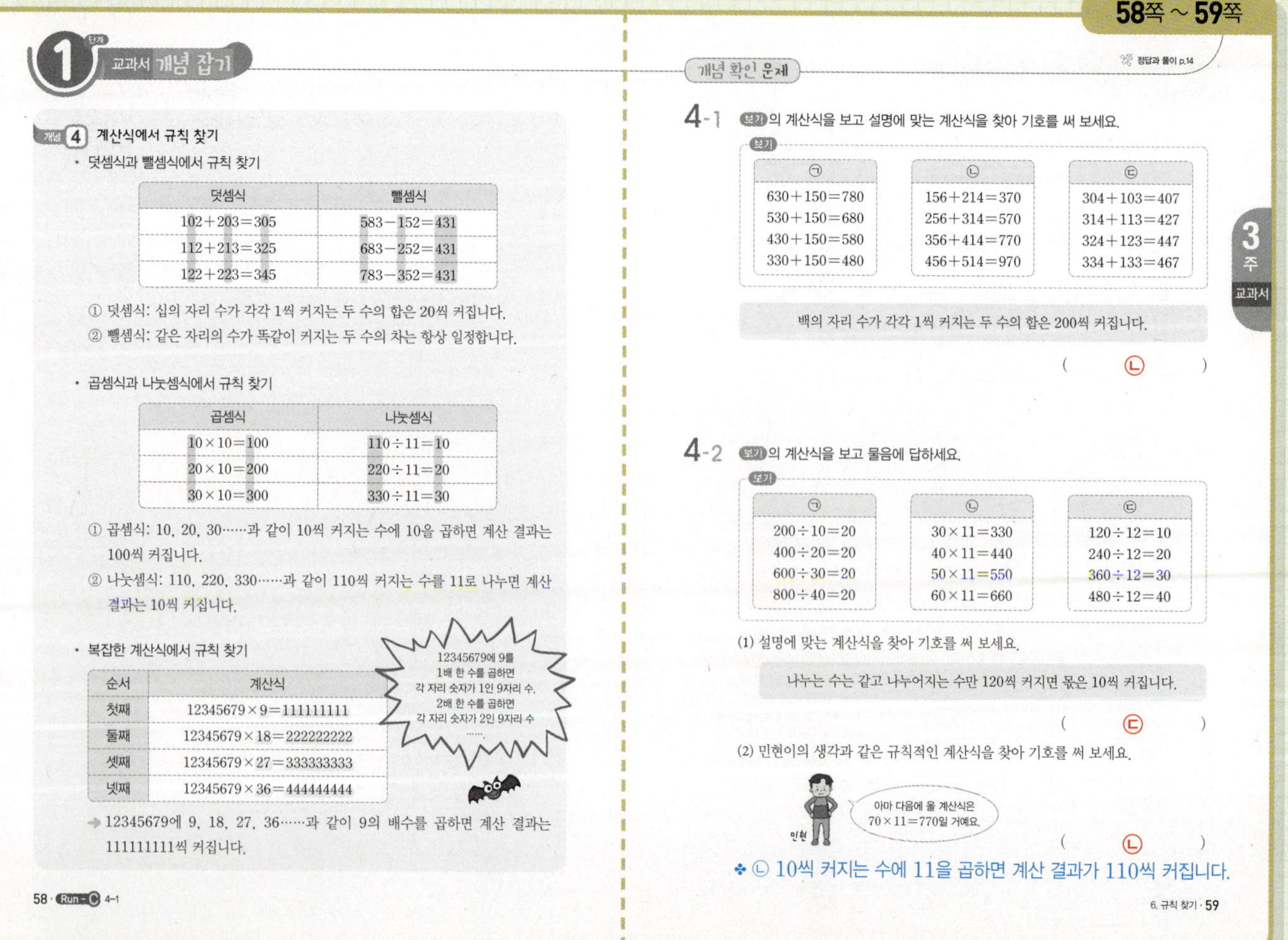

(**㉡**)

✜ ㉡ 10씩 커지는 수에 11을 곱하면 계산 결과가 110씩 커집니다.

1단계 교과서 개념 잡기

개념 5 등호를 사용하여 식으로 나타내기

등호 '='는 왼쪽과 오른쪽의 두 양(값)이 같다는 것을 나타냅니다.
크기가 같은 두 양을 등호(=)를 사용하여 $5+1=2+4$와 같이 식으로 나타낼 수 있습니다.

- 저울의 양쪽 무게가 같은 경우를 찾고, 이를 등호(=)를 사용하여 식으로 나타내기

흰 돌 20개 / 검은 돌 □개　　흰 돌 15개 / 검은 돌 23개

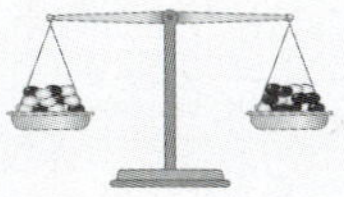

흰 돌 20개와 15개를 비교하면 5개의 차이가 나므로 □는 23보다 5만큼 더 작아야 합니다. ➡ □=18

$$20+\boxed{18}=15+23$$

개념 6 규칙적인 계산식 찾기

- 달력에서 규칙적인 계산식 찾기

일	월	화	수	목	금	토
		1	2	3	4	5
6	7	8	9	10	11	12
13	14	15	16	17	18	19
20	21	22	23	24	25	26
27	28	29	30	31		

① $13+7=20$, $14+7=21$, $15+7=22$, $16+7=23$, $17+7=24$, $18+7=25$, $19+7=26$
➡ 아래쪽으로 7씩 커집니다.
② $13+14+15=14\times3$, $17+18+19=18\times3$, $20+21+22=21\times3\cdots\cdots$
➡ 연속된 세 수의 합은 가운데 수의 3배입니다.

개념 확인 문제

정답과 풀이 p.15

5-1 □ 안에 알맞은 수를 써넣고, 등호를 사용한 식을 완성하세요.

(1)
흰 돌: 10개 / 검은 돌: **16**개　　흰 돌: 13개 / 검은 돌: 13개

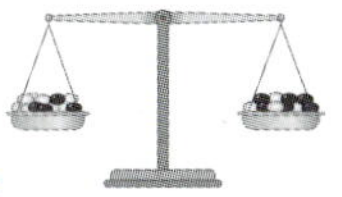

✿ 흰 돌 10개와 13개를 비교하면 3개의 차이가 나므로 검은 돌 □는 13보다 3만큼 더 커야 합니다.

$$10+\boxed{16}=13+13$$

(2)
검은 돌: 18개 / 덜어 낸 돌: **10**개　　검은 돌: 20개 / 덜어 낸 돌: 12개

$$18-\boxed{10}=20-12$$

✿ 검은 돌 18개와 20개를 비교하면 2개의 차이가 나므로 덜어 낸 돌 □는 12보다 2만큼 더 작아야 합니다.

6-1 달력을 보고 □ 안에 알맞은 수를 써넣으세요.

○월

일	월	화	수	목	금	토
		1	2	3	4	5
7	8	9	10	11	12	13
14	15	16	17	18	19	20
21	22	23	24	25	26	27
28	29	30	31			

(1)
$14-7=\boxed{7}$
$15-8=\boxed{7}$
$16-9=\boxed{7}$
$17-10=\boxed{7}$

(2)
$14+21+28=21\times\boxed{3}$
$15+22+29=22\times\boxed{3}$
$16+23+30=23\times\boxed{3}$
$17+24+31=24\times\boxed{3}$

✿ (1) 달력을 보면 수가 위쪽으로 7씩 작아지므로 세로로 연결된 두 수의 차는 항상 7입니다.
(2) 세로로 연결된 세 수의 합은 가운데 수의 3배입니다.

✿PLAY 교과서 개념 스토리　규칙 찾아 모양 꾸미기

바둑판에 바둑돌을 일정한 규칙에 따라 늘어놓고 있어요. 규칙을 찾아 표를 완성하고, 넷째와 여섯째에 알맞은 모양을 붙임딱지를 붙여 완성해 보세요.

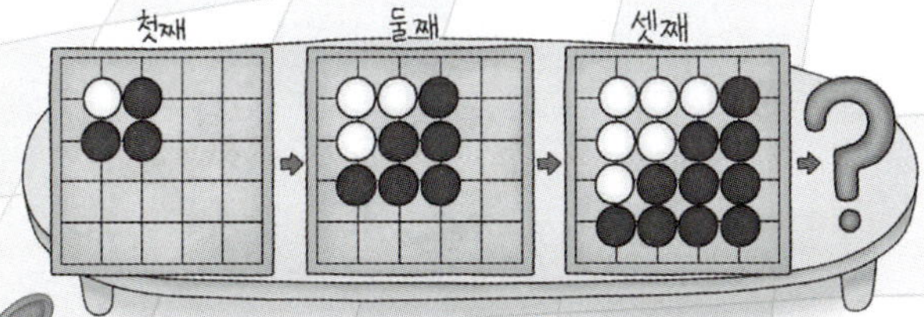

첫째　둘째　셋째　?

순서	첫째	둘째	셋째	넷째
전체 바둑돌의 수(개)	$2\times2=4$	$3\times3=9$	$4\times4=16$	$5\times5=25$
흰색 바둑돌의 수(개)	1	3	6	10
검은색 바둑돌의 수(개)	3	6	10	15

✿ 흰색 바둑돌의 수는 1개에서 시작하여 2개, 3개, 4개……씩 더 늘어납니다.

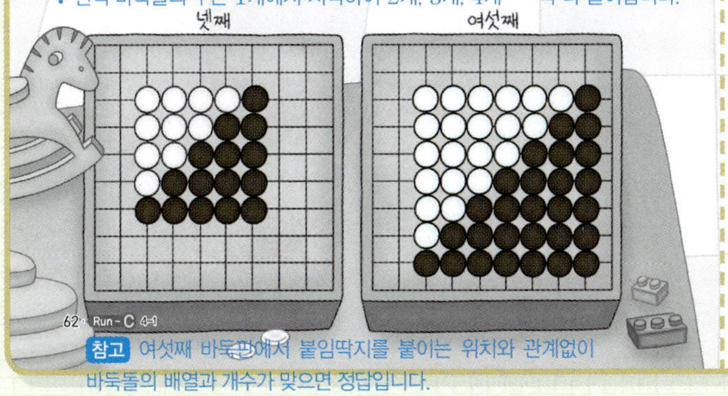

넷째　여섯째

참고 여섯째 바둑판에서 붙임딱지를 붙이는 위치와 관계없이 바둑돌의 배열과 개수가 맞으면 정답입니다.

유정이는 블록을 규칙적으로 배열하여 블록 가방을 꾸미려고 합니다. 규칙을 찾아 붙임딱지를 붙여서 블록 가방을 꾸며 보세요.

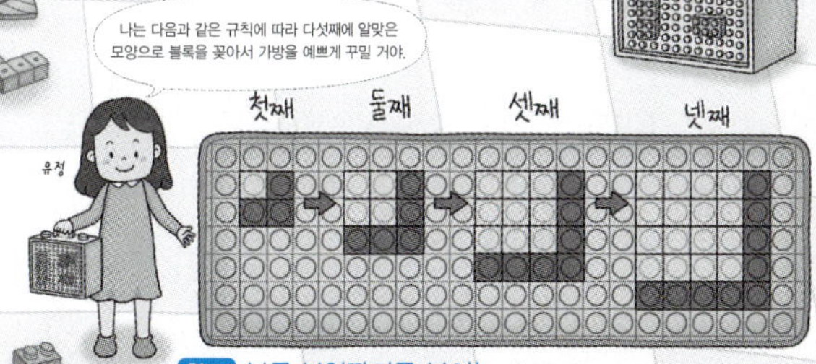

첫째　둘째　셋째　넷째

참고 블록 붙임딱지를 붙이는 위치는 관계없습니다.

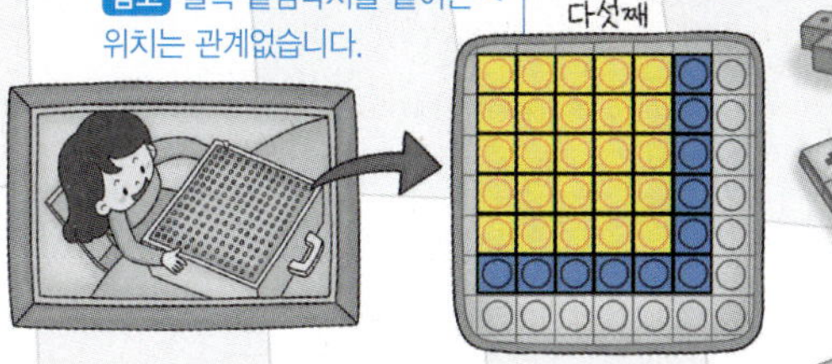

다섯째

쌓기나무를 쌓은 규칙을 찾아 넷째에 알맞게 쌓기나무 붙임딱지를 붙여 보세요.

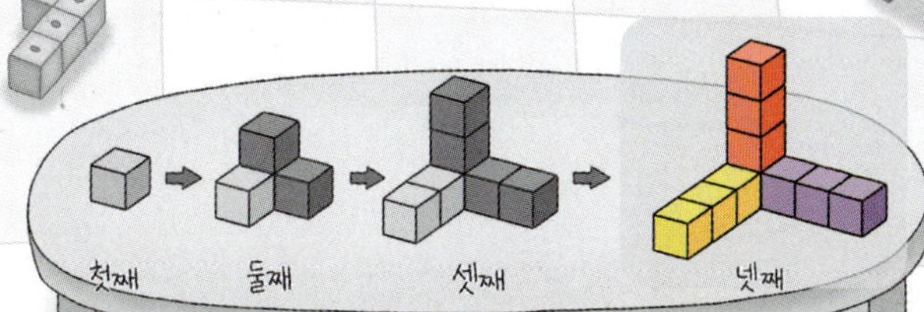

첫째　둘째　셋째　넷째

✿ 넷째에는 하늘색 쌓기나무를 기준으로 앞쪽에 노란색 쌓기나무 3개, 오른쪽에 보라색 쌓기나무 3개, 위쪽으로 빨간색 쌓기나무 3개를 붙입니다.

64쪽 ~ 65쪽

PLAY 교과서 개념 스토리 **파스칼의 삼각형**

붙임딱지

'파스칼의 삼각형'이란 자연수를 삼각형 모양으로 배열한 것을 말합니다. 수 배열의 규칙을 찾아 빈 곳에 알맞은 붙임딱지를 붙여 나무와 규칙을 완성해 보세요.

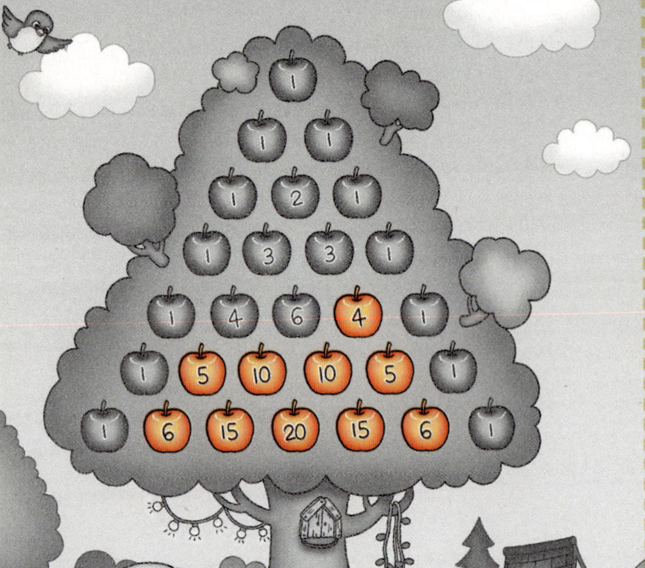

규칙

① 각 줄의 처음과 끝은 항상 [1] 입니다.

② 바로 위 두 수의 [합] 이 아래의 수가 됩니다.

붙임딱지를 붙여서 2로 시작하는 나만의 파스칼의 삼각형을 만들어 보고, 규칙을 써 보세요.

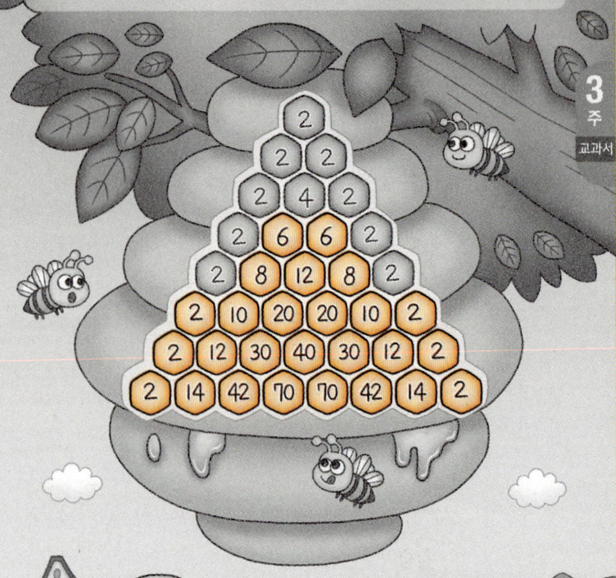

규칙

① 각 줄의 처음과 끝은 항상 [2] 입니다.

② 예 바로 위 두 수의 합이 아래의 수가 됩니다.

3주 교과서

66쪽 ~ 67쪽

2단계 교과서 개념 다지기

개념 1 수 배열표에서 규칙 찾기

01 수 배열표를 보고 물음에 답하세요.

205	215	225	235	245
305	315	325	335	345
405	415	425	435	445
505	515	525	535	545
605	615	625	635	645

(1) [ ]로 표시된 칸에서 규칙을 찾아보세요.

305부터 오른쪽으로 [10]씩 커집니다.

(2) 색칠된 칸에서 규칙을 찾아보세요.

605부터 ↗ 방향으로 [90]씩 작아집니다.

✤ (1) 305−315−325−335−345 → 305부터 오른쪽으로 10씩 커집니다.
(2) 605−515−425−335−245 → 605부터 ↗ 방향으로 90씩 작아집니다.

02 수 배열표에서 규칙을 찾아 ☆에 알맞은 수를 구해 보세요.

25681	25682	25683	25684
35681	35682	35683	35684
45681	45682	45683	45684
55681	55682	55683	55684
			☆

(65685)

✤ 25681부터 ↘ 방향으로 10001씩 커지는 규칙이므로 55684보다 10001만큼 더 큰 수를 구하면 65685입니다.

정답과 풀이 p.16

개념 2 수의 배열에서 규칙 찾기

03 덧셈을 이용한 수 배열표입니다. 규칙적인 수의 배열에서 ㉠과 ㉡에 알맞은 수를 각각 구해 보세요.

	2374	2376	2378	2380	2382
22	6	8	0	2	4
24	8	0	2	㉠	6
26	0	2	4	6	8
28	2	4	㉡	8	0
30	4	6	8	0	2

㉠ (4), ㉡ (6)

✤ 두 수의 덧셈 결과의 일의 자리 숫자를 쓰는 규칙입니다.
• 2380＋24＝2404이므로 ㉠＝4입니다.
• 2378＋28＝2406이므로 ㉡＝6입니다.

04 수 배열의 규칙에 따라 빈 곳에 알맞은 수를 써넣으세요.

✤ 4516부터 시작하여 오른쪽으로 200씩 작아집니다.
→ 4116 다음에는 4116보다 200만큼 더 작은 수인 3916을 씁니다.

05 수 배열의 규칙에 따라 빈 곳에 알맞은 수를 써넣으세요.

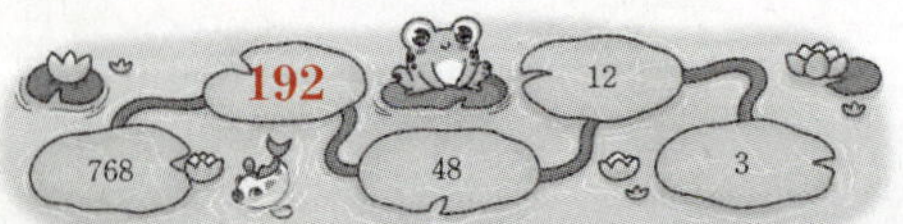

✤ 768부터 시작하여 오른쪽으로 4씩 나누는 규칙이 있습니다.
→ 768 다음에는 768을 4로 나눈 수인 192를 씁니다.

3주 교과서

2단계 교과서 개념 다지기

정답과 풀이 p.17

개념 3 도형의 배열에서 규칙 찾기

06 규칙에 따라 다섯째에 알맞은 도형을 그리고 규칙을 찾아보세요.

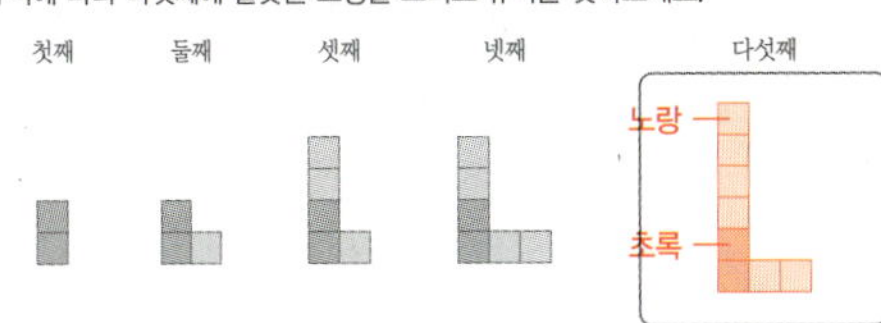

초록색 사각형 2개를 중심으로 노란색 사각형의 수가 오른쪽에 $\boxed{1}$개, 위쪽에 $\boxed{2}$개씩 번갈아 가면서 늘어납니다.

07 규칙에 따라 넷째에 알맞은 도형을 그리고 $\square$ 안에 알맞은 수를 써넣으세요.

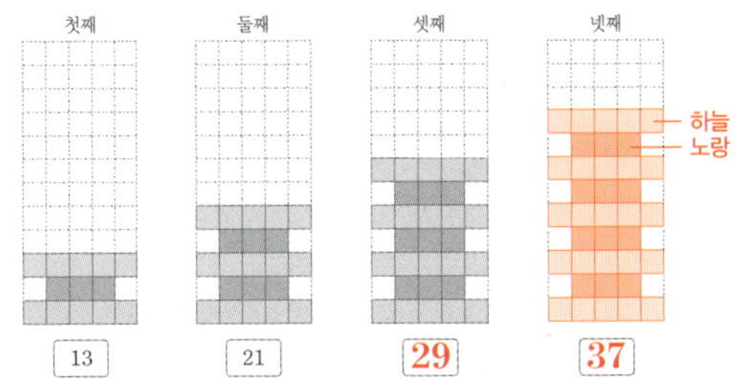

13 　 21 　 $\boxed{29}$ 　 $\boxed{37}$

❖ 각 줄마다 하늘색 사각형 5개와 노란색 사각형 3개가 번갈아 가면서 오고 사각형의 수가 위쪽으로 8개씩 늘어납니다.
➜ 셋째: $21+8=29$, 넷째: $29+8=37$

68 · Run · C 4-1

개념 4 덧셈식과 뺄셈식에서 규칙 찾기

08 계산식을 보고 어떤 규칙이 있는지 $\square$ 안에 알맞은 수를 써넣으세요.

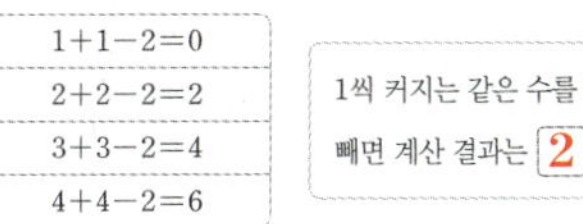

$1+1-2=0$
$2+2-2=2$
$3+3-2=4$
$4+4-2=6$

1씩 커지는 같은 수를 2번 더한 후 $\boxed{2}$를 빼면 계산 결과는 $\boxed{2}$씩 커집니다.

09 규칙적인 계산식을 보고 넷째 빈칸에 알맞은 계산식을 써넣으세요.

순서	계산식
첫째	$12-1=11$
둘째	$123-12=111$
셋째	$1234-123=1111$
넷째	$12345-1234=11111$

10 계산식을 보고 규칙에 따라 계산 결과가 36이 되는 계산식을 써 보세요.

순서	계산식
첫째	$1+2+1=4$
둘째	$1+2+3+2+1=9$
셋째	$1+2+3+4+3+2+1=16$
넷째	$1+2+3+4+5+4+3+2+1=25$

계산식 $1+2+3+4+5+6+5+4+3+2+1=36$

❖ 계산 결과가 계산식의 가운데 수를 두 번 곱한 것과 같습니다. 따라서 $6\times6=36$이므로 계산 결과가 36이 되는 식은 가운데 수가 6인 덧셈식이므로
$1+2+3+4+5+6+5+4+3+2+1=36$입니다.

6. 규칙 찾기 · 69

3주 교과서

2단계 교과서 개념 다지기

정답과 풀이 p.17

개념 5 곱셈식과 나눗셈식에서 규칙 찾기

11 계산식의 일부가 지워져 있습니다. 계산식 배열의 규칙에 맞게 지워져 보이지 않는 계산식을 써 보세요.

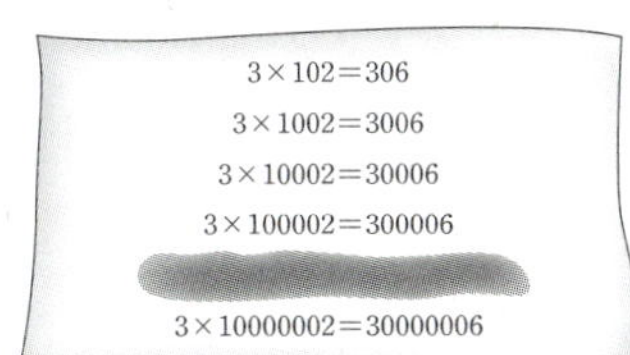

계산식 $3\times1000002=3000006$

❖ 3에 102, 1002, 10002……와 같이 0이 하나씩 늘어난 수를 곱하면 306, 3006, 30006……과 같이 계산 결과에도 0이 하나씩 늘어납니다.

12 규칙적인 계산식을 보고 물음에 답하세요.

순서	계산식
첫째	$111111\div111=1001$
둘째	$222222\div111=2002$
셋째	$333333\div111=3003$
넷째	

(1) 넷째 빈칸에 알맞은 계산식을 써 보세요.

계산식 $444444\div111=4004$

(2) 규칙에 따라 계산 결과가 6006이 되는 계산식을 써 보세요.

계산식 $666666\div111=6006$

❖ 계산 결과가 6006이므로 여섯째 계산식입니다.

70 · Run · C 4-1

개념 6 규칙적인 계산식 찾기

13 수 배열표를 보고 규칙적인 계산식을 찾은 것입니다. $\square$ 안에 알맞은 식을 써넣으세요.

112	113	114	115	116	117
118	119	120	121	122	123

$112+119=113+118$
$113+120=114+119$
예 $114+121=115+120$
　　$115+122=116+121$

❖ ＼ 방향의 두 수의 합과 ／ 방향의 두 수의 합은 같습니다.
$116+123=117+122$를 써도 정답입니다.

14 보기 의 규칙을 이용하여 나누는 수가 5일 때의 계산식을 2개 더 써 보세요.

보기
$4\div4=1$
$16\div4\div4=1$
$64\div4\div4\div4=1$

➜ 계산식
$5\div5=1$
$25\div5\div5=1$
$125\div5\div5\div5=1$

❖ 보기 는 4로 나누는 횟수가 한 번씩 늘어나는 계산 결과가 1인 나눗셈식을 쓴 것입니다.

15 승강기 버튼의 수 배열에서 보기 와 같이 세 수를 골라 규칙적인 계산식을 만들어 보세요.

보기 ① ⑦ ⑬
➜ $1+7+13=7\times3$

계산식 예 ⑥ ⑫ ⑱
➜ $6+12+18=12\times3$

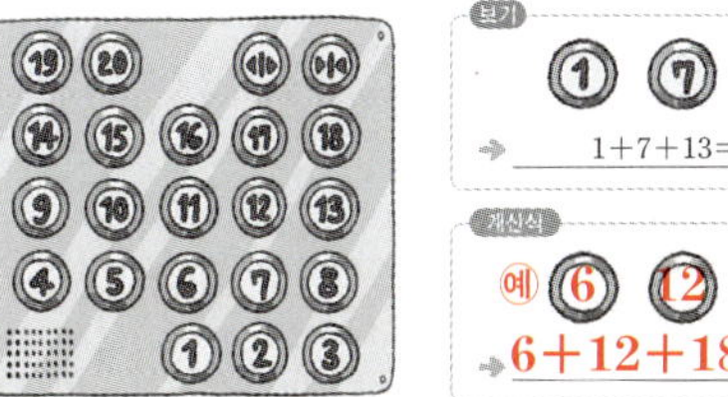

❖ ／ 방향의 세 수의 합은 가운데 수의 3배임을 이용하여 계산식을 만들어 봅니다.

6. 규칙 찾기 · 71

3주 교과서

③ 단계 교과서 실력 다지기

정답과 풀이 p.18

★ 실생활의 수 배열에서 규칙 찾기

1 영화관의 좌석 번호를 보고 규칙을 찾아 빈 곳에 알맞은 좌석 번호를 써넣으세요.

개념 피드백 알파벳과 수의 조합으로 이루어진 영화관 좌석표에서 알파벳과 수의 규칙을 각각 알아봅니다. 가로와 세로로 보았을 때 각각 어느 부분이 바뀌는지 확인합니다.

❖ 가로(→)의 규칙: 알파벳은 그대로이고 수만 1씩 커집니다.
　세로(↓)의 규칙: 알파벳이 순서대로 바뀌고 수는 그대로입니다.

1-1 영주와 가은이는 축구장에 갔습니다. 영주와 가은이의 좌석 번호를 찾아보세요.

영주 (**사4**)
가은 (**마3**)

❖ 가로로 보면 글자는 그대로이고 수만 1씩 커지므로 영주의 좌석 번호는 사4, 가은이의 좌석 번호는 마3입니다.

★ 수 배열의 규칙을 찾아 알맞은 수 구하기

2 수 배열의 규칙에 따라 ㉠에 알맞은 수를 구해 보세요.

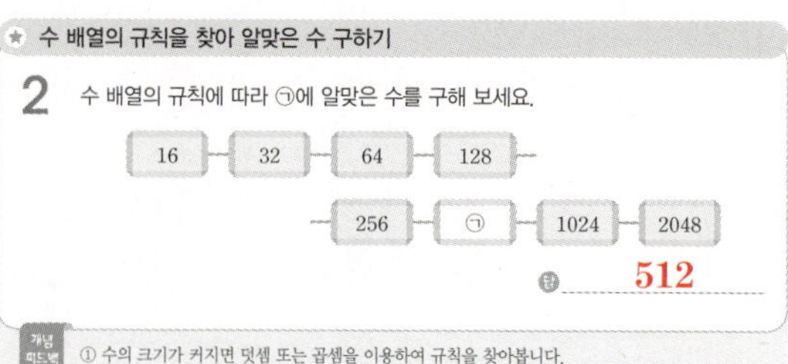

㉠ **512**

개념 피드백 ① 수의 크기가 커지면 덧셈 또는 곱셈을 이용하여 규칙을 찾아봅니다.
② 수의 크기가 작아지면 뺄셈 또는 나눗셈을 이용하여 규칙을 찾아봅니다.

❖ 16부터 시작하여 2씩 곱한 수가 오른쪽에 있습니다.
➡ ㉠＝256×2＝512

2-1 수 배열의 규칙을 찾아 □ 안에 알맞은 수를 써넣고 ㉠에 알맞은 수를 구해 보세요.

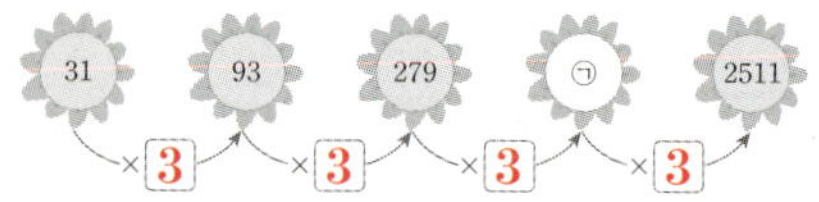

➡ 31부터 시작하여 **3**씩 곱한 수가 오른쪽에 있습니다.

㉠ (**837**)

❖ ㉠＝279×3＝837

2-2 수 배열의 규칙에 따라 빈칸에 알맞은 수를 써넣으세요.

❖ 4부터 시작하여 4씩 곱한 수가 오른쪽에 있습니다.
➡ 64×4＝256, 256×4＝1024

---

③ 단계 교과서 실력 다지기

정답과 풀이 p.18

★ 수 배열표에서 조건을 만족하는 수 찾기

3 수 배열표를 보고 조건을 만족하는 규칙적인 수의 배열을 찾아 색칠해 보세요.

조건
・가장 큰 수는 41305입니다.
・＼ 방향으로 다음 수는 앞의 수보다 1010씩 커집니다.

37265	37275	37285	37295	37305
38265	38275	38285	38295	38305
39265	39275	39285	39295	39305
40265	40275	40285	40295	40305
41265	41275	41285	41295	41305

개념 피드백 ① 어떤 수들이 배열되어 있는지 살펴보고 규칙을 찾습니다.
② 주어진 두 가지 조건을 모두 만족하는 수의 배열을 찾습니다.

❖ 두 가지 조건을 모두 만족하는 수의 배열은 37265부터 시작하여 ＼ 방향입니다.

3-1 수 배열표를 보고 조건을 만족하는 규칙적인 수의 배열을 찾아 색칠해 보세요.

조건
・2, 4, 6, 8, 10씩 커집니다.
・가장 큰 수는 46입니다.

1	3	7	13	21	31
2	4	8	14	22	32
4	6	10	16	24	34
7	9	13	19	27	37
11	13	17	23	31	41
16	18	22	28	36	46

❖ 46부터 10, 8, 6, 4, 2씩 작아지는 수를 찾아 색칠합니다.

★ 도형의 배열에서 규칙을 찾아 도형 그리기

4 도형의 배열을 보고 다섯째에 알맞은 도형을 그리고, 사각형의 수를 구해 보세요.

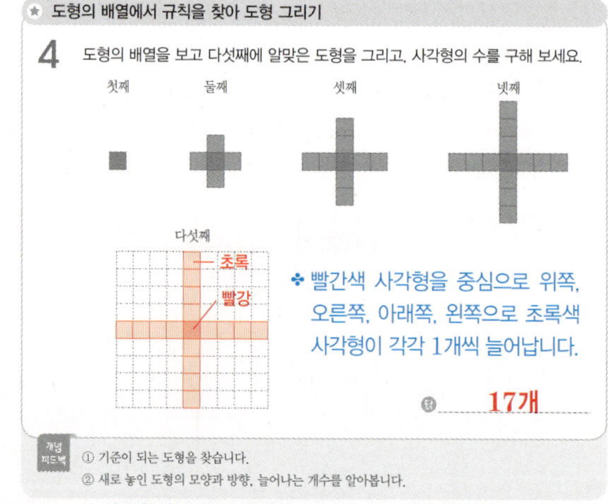

❖ 빨간색 사각형을 중심으로 위쪽, 오른쪽, 아래쪽, 왼쪽으로 초록색 사각형이 각각 1개씩 늘어납니다.

17개

개념 피드백 ① 기준이 되는 도형을 찾습니다.
② 새로 놓인 도형의 모양과 방향, 늘어나는 개수를 알아봅니다.

사각형의 수가 1개에서 시작하여 4개씩 늘어나므로 다섯째에 알맞은 도형에서 사각형의 수는 13＋4＝17(개)입니다.

4-1 규칙에 따라 넷째와 여섯째에 알맞은 도형을 각각 그려 보세요.

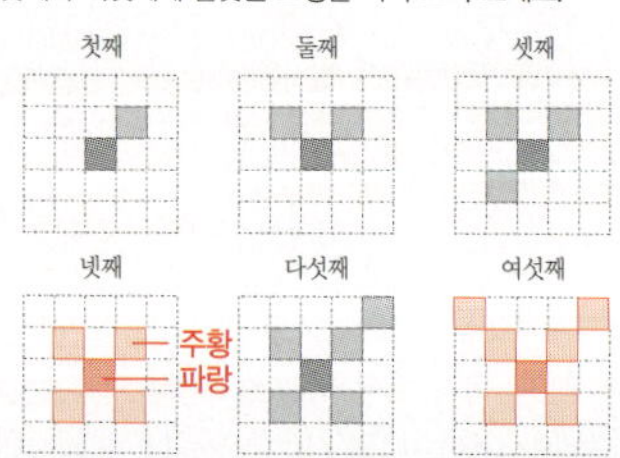

❖ 파란색 사각형을 중심으로 시계 반대 방향으로 주황색 사각형이 1개씩 늘어납니다.

③ 교과서 실력 다지기

정답과 풀이 p.19

★ 달력을 보고 조건을 만족하는 수 찾기

5 달력을 보고 조건을 만족하는 수를 찾아보세요.

일	월	화	수	목	금	토
	1	2	3	4	5	6
7	8	9	10	11	12	13
14	15	16	17	18	19	20
21	22	23	24	25	26	27
28	29	30				

조건

• ✚ 안에 있는 수 중의 하나입니다.

• ✚ 안에 있는 5개의 수의 합을 5로 나눈 몫과 같습니다.

답 **23**

개념 피드백 ① 조건을 보고 ✚ 안에 있는 수들의 합을 구합니다.

② 구한 합을 5로 나누어 두 가지 조건을 모두 만족하는 수를 찾습니다.

✦ ✚ 안의 수를 모두 더하면 $16+22+23+24+30=115$입니다.
$115\div5=23$이므로 조건을 만족하는 수는 23입니다.

5-1 달력을 보고 조건을 만족하는 수를 찾아보세요.

일	월	화	수	목	금	토
			1	2	3	4	5
6	7	8	9	10	11	12
13	14	15	16	17	18	19
20	21	22	23	24	25	26
27	28	29	30			

조건

• ✚ 안에 있는 수 중의 하나입니다.

• ✚ 안에 있는 5개의 수의 합을 5로 나눈 몫과 같습니다.

✦ (✚ 안에 있는 5개의 수의 합)$=9+11+\underset{\text{17}}{17}+23+25=85$
$85\div5=17$이므로 조건을 만족하는 수는 17입니다.

★ 계산식에서 규칙 찾기

6 계산식의 규칙에 따라 □ 안에 알맞은 수를 써넣으세요.

$$6+8+10=8\times3$$
$$6+8+10+12+14=10\times5$$
$$6+8+10+12+14+16+18=\boxed{12}\times7$$
$$6+8+10+12+14+16+18+20+22=\boxed{14}\times\boxed{9}$$

개념 피드백 ① 계산식에서 등호(＝)를 기준으로 왼쪽 식과 오른쪽 식의 규칙을 찾아봅니다.

② 계산식의 규칙에 따라 □ 안에 알맞은 수를 써넣습니다.

✦ 2씩 커지는 수를 홀수 개 더했을 때 그 합은 가운데 수에 더한 수의 개수를 곱한 결과와 같습니다.

6-1 계산식을 보고 물음에 답하세요.

$$1+3=2\times2$$
$$1+3+5=3\times3$$
$$1+3+5+7=4\times4$$
$$1+3+5+7+9=5\times5$$

(1) 규칙을 찾아 □ 안에 알맞은 수를 써넣으세요.

1부터 시작하여 홀수를 차례로 2개, $\boxed{3}$개, $\boxed{4}$개, $\boxed{5}$개……씩 더한 결과는 더한 홀수의 개수를 $\boxed{2}$번 곱한 결과와 같습니다.

(2) 계산식의 규칙에 따라 □ 안에 알맞은 수를 써넣으세요.

$$1+3+5+7+9+11+13+15=\boxed{8}\times\boxed{8}$$

✦ $1+3+5+7+9+11+13+15=8\times8$

홀수가 8개

Test 교과서 서술형 연습

정답과 풀이 p.19

1 일부가 찢어진 수 배열표를 보고 수 배열의 규칙에 따라 ■에 알맞은 수를 구해 보세요.

362	462	562	662		
		2562	2662	2762	2862
			4762	■	4962	5062

해결하기 가로(→)는 오른쪽으로 **100**씩 커지고, 세로(↓)는 아래쪽으로 **2000**씩 커지는 규칙이므로 ■에 알맞은 수는 2862보다 **2000**만큼 더 큰 수인 **4862**입니다.

답 구하기 **4862**

2 규칙적인 수의 배열에서 ㉠과 ㉡에 알맞은 수를 각각 구해 보세요.

1000	800	600	400
	1300	1100	900	㉠
		㉡	1800	1600

해결하기 **예** 가로(→)는 오른쪽으로 200씩 작아지고, 세로(↓)는 아래쪽으로 700씩 커지는 규칙이므로 ㉠에 알맞은 수는 900보다 200만큼 더 작은 수인 700이고, ㉡에 알맞은 수는 1300보다 700만큼 더 큰 수인 2000입니다.

답 구하기 ㉠ **700** ㉡ **2000**

3 도형의 배열에서 규칙을 찾고 다섯째에 알맞은 도형을 그려 보세요.

첫째 　 둘째 　 셋째 　 넷째 　 다섯째

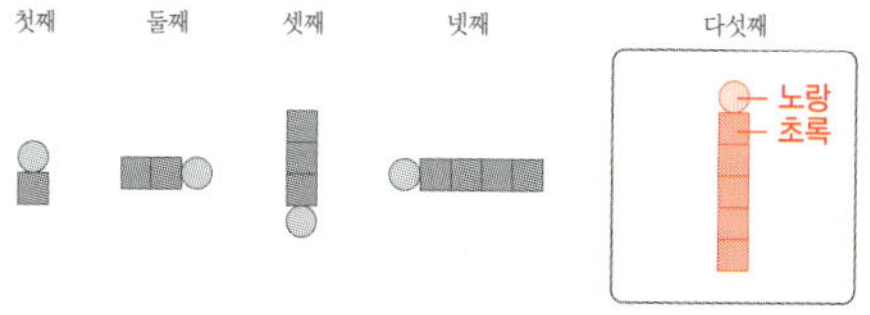

해결하기 도형의 배열에서 규칙을 찾아보면 노란색 원을 중심으로 (⑯시계, 시계 반대) 방향으로 90°만큼씩 돌리기 하며 초록색 사각형의 수가 **1**개씩 늘어납니다. 따라서 다섯째에 알맞은 도형은 노란색 원이 (⑯위쪽, 오른쪽, 아래쪽, 왼쪽)에 있고 초록색 사각형이 세로로 **5**개 있는 모양입니다.

✦ 그리는 위치에 관계없이 모양만 맞으면 정답입니다.

4 도형의 배열에서 규칙을 찾고 다섯째에 알맞은 도형을 그려 보세요.

첫째 　 둘째 　 셋째 　 넷째 　 다섯째

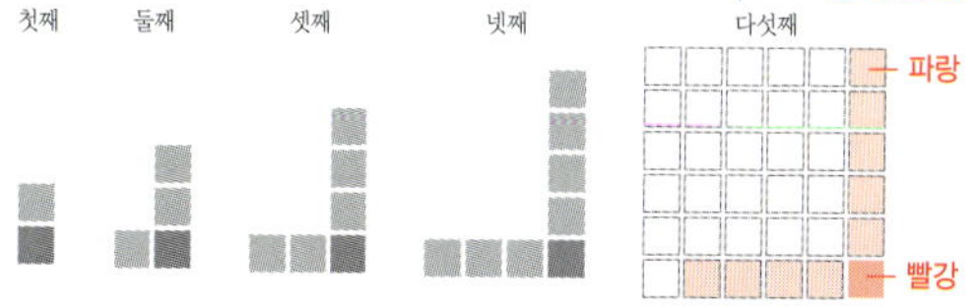

해결하기 **예** 도형의 배열에서 규칙을 찾아보면 빨간색 사각형을 중심으로 왼쪽과 위쪽으로 파란색 사각형의 수가 각각 1개씩 늘어납니다.
따라서 다섯째에 알맞은 도형은 빨간색 사각형을 중심으로 파란색 사각형이 왼쪽에 4개, 위쪽에 5개 있는 모양입니다.

PLAY 사고력 개념 스토리 규칙적인 계산식

수 배열표에서 색칠한 수의 합을 구하고, 규칙을 찾아 곱셈식을 완성해 보세요.

1	2	3	4	5	6	7	8	9	10
11	12	13	14	15	16	17	18	19	20
21	22	23	24	25	26	27	28	29	30
31	32	33	34	35	36	37	38	39	40
41	42	43	44	45	46	47	48	49	50
51	52	53	54	55	56	57	58	59	60

34	35	36
44	45	46
54	55	56

안의 9개의 수의 합 ➡ 45 × 9 = 405

✤ 가운데 수를 9배 한 것과 같습니다.

안의 5개의 수의 합 ➡ 18 × 5 = 90

✤ 가운데 수를 5배 한 것과 같습니다.

1	2	3
11	12	13
21	22	23

안의 8개의 수의 합 ➡ 12 × 8 = 96

✤ 가운데 수를 8배 한 것과 같습니다.

48	49	50
58	59	60

안의 6개의 수의 합 ➡ 108 × 3 = 324

✤ 같은 색 칸에 있는 두 수의 합을 3배 한 것과 같습니다.

달력에서 왼쪽과 같은 규칙을 찾아 다양한 모양 틀을 대어 보고, 각 모양 안의 수의 합을 곱셈식으로 나타내어 보세요.

일	월	화	수	목	금	토
			1	2	3	4
5	6	7	8	9	10	11
12	13	14	15	16	17	18
19	20	21	22	23	24	25
26	27	28	29	30	31	

(예)

8	9	10
15	16	17
22	23	24

안의 9개의 수의 합 ➡ 16 × 9 = 144

(예)

안의 5개의 수의 합 ➡ 15 × 5 = 75

(예)

12	13	14
19	20	21
26	27	28

안의 8개의 수의 합 ➡ 20 × 8 = 160

(예)

2	3	4
9	10	11

안의 6개의 수의 합 ➡ 13 × 3 = 39

4주 사고력

6. 규칙 찾기 · 81

PLAY 사고력 개념 스토리 고대 문자의 규칙

고대 바빌로니아 숫자는 기원전 2000년 무렵 형성된 수 체계로, 쐐기처럼 생긴 문자를 새겨 나타내었습니다. 1부터 30까지의 바빌로니아 수가 적혀 있는 종이가 찢어진 것입니다. 바빌로니아 수의 규칙을 찾아 알맞은 붙임딱지를 붙여 종이를 처음 상태로 만들어 보세요.

바빌로니아 수

✤ V는 1을 나타내고, ＜는 10을 나타냅니다.

바빌로니아 수의 규칙을 이용하여 빈 곳에 붙임딱지를 붙여서 알맞게 채워 보세요.

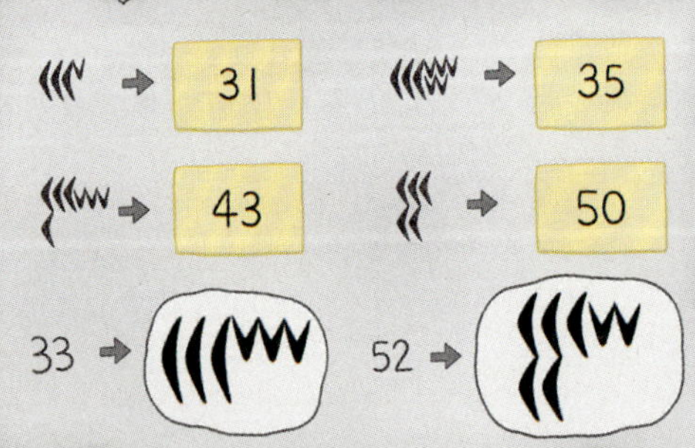

31, 35, 43, 50

33 ➡, 52 ➡

30보다 크고 50보다 작은 수 중에서 자신이 좋아하는 수를 골라 쓰고, 붙임딱지를 이용하여 바빌로니아 수로 나타내어 보세요.

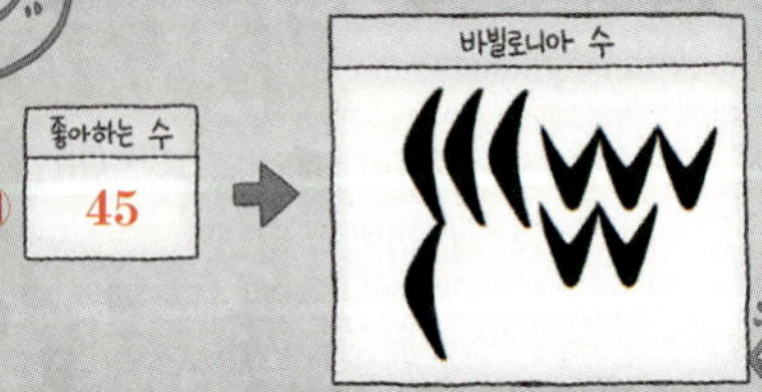

좋아하는 수
(예) 45 ➡ 바빌로니아 수

4주 사고력

82 · Run - C 4-1

1단계 교과 사고력 잡기

정답과 풀이 p.21

1 규칙적인 수의 배열에서 보석함의 비밀번호를 찾을 수 있습니다. 각 보석함의 비밀번호를 찾아 보석함에 써넣으세요.

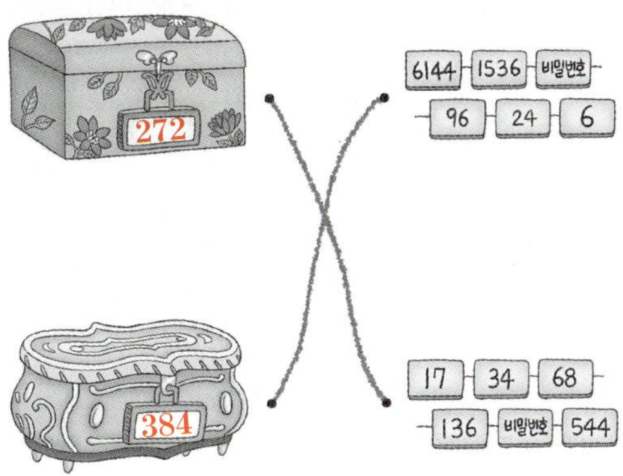

✿ • 6144부터 시작하여 4씩 나눈 수가 오른쪽에 있습니다.
따라서 비밀번호는 $1536 \div 4 = 384$입니다.
• 17부터 시작하여 2씩 곱한 수가 오른쪽에 있습니다.
따라서 비밀번호는 $136 \times 2 = 272$입니다.
• 23부터 시작하여 오른쪽으로 46씩 커집니다.
따라서 비밀번호는 $115 + 46 = 161$입니다.

2 민호는 영화표를 미리 예매를 하지 않아서 엄마, 아빠와 다른 좌석에 앉게 되었습니다. 민호의 좌석 번호가 C7일 때, 엄마와 아빠의 좌석 번호를 각각 구해 보세요.

❶ 위 그림에서 민호의 자리를 찾아 ○표 하세요.

✿ 민호가 들고 있는 영화표에 C7이라고 적혀 있으므로 C열이라고 써 있는 가로줄에서 7이 써 있는 좌석이 민호의 자리입니다.

❷ 엄마의 좌석 번호를 구해 보세요.

(**B7**)

✿ 엄마의 자리는 C7의 바로 앞의 좌석입니다. 세로(↓)로 보면 좌석 번호는 앞에서부터 알파벳이 A, B, C, D, E, F로 순서대로 바뀌고, 수는 그대로입니다.
따라서 엄마의 좌석 번호는 알파벳이 B로 바뀌고 수는 그대로인 B7입니다.

❸ 아빠의 좌석 번호를 구해 보세요.

(**D6**)

✿ 아빠의 자리는 C7에서 ╱ 방향으로 한 줄 뒤의 좌석입니다. 가로(→)로 보면 왼쪽에서부터 알파벳은 그대로이고 수는 1씩 커집니다.
따라서 아빠의 좌석 번호는 C7에서 알파벳이 D로 바뀌고 수는 6이므로 D6입니다.

1단계 교과 사고력 잡기

정답과 풀이 p.21

3 정호는 매달 은행에 가서 다음과 같은 규칙으로 금액을 늘려 가며 저금을 합니다. 정호가 6월에 저금하는 돈은 모두 얼마인지 구해 보세요.

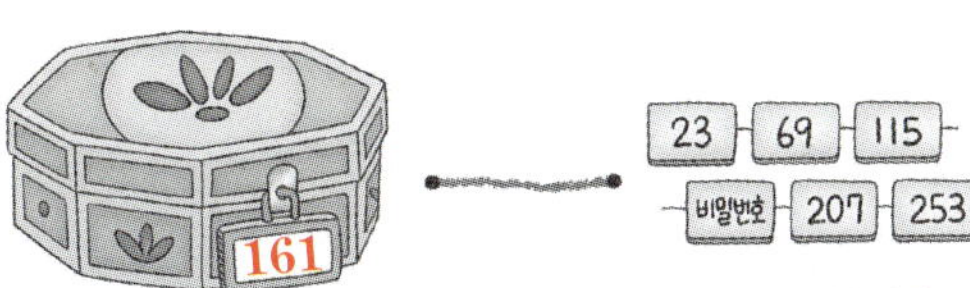

❶ 정호가 저금한 돈을 보고 표를 완성해 보세요.

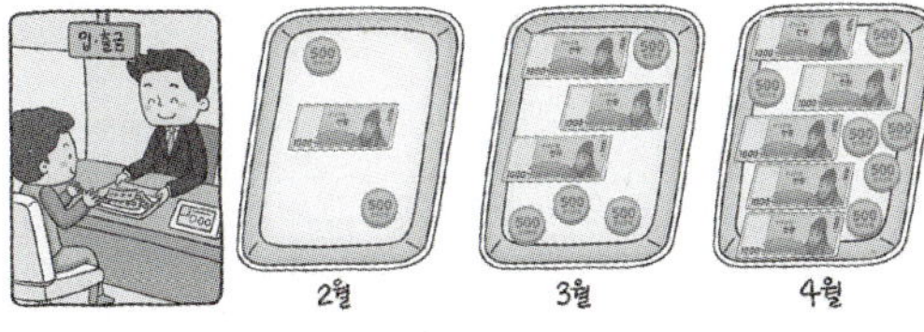

	1000원짜리 지폐 수(장)	500원짜리 동전 수(개)
2월	1	2
3월	3	4
4월	5	6

❷ 정호가 저금하는 규칙을 찾아 □ 안에 알맞은 수를 써넣으세요.

1000원짜리 지폐는 **1** 장에서 시작하여 **2** 장씩 늘어나고,
500원짜리 동전은 **2** 개에서 시작하여 **2** 개씩 늘어납니다.

❸ 정호가 6월에 저금하는 돈은 모두 얼마일까요?

(**14000원**)

✿ 5월에는 1000원짜리 지폐 7장, 500원짜리 동전 8개를 저금하고, 6월에는 1000원짜리 지폐 9장, 500원짜리 동전 10개를 저금하므로 6월에 저금하는 돈은 모두 $9000 + 5000 = 14000$(원)입니다.

4 다음과 같은 규칙으로 삼각형이 늘어나고 있습니다. 여섯째에 알맞은 모양에서 색칠한 삼각형(▲)은 색칠하지 않은 삼각형(△)보다 몇 개 더 많은지 구해 보세요.

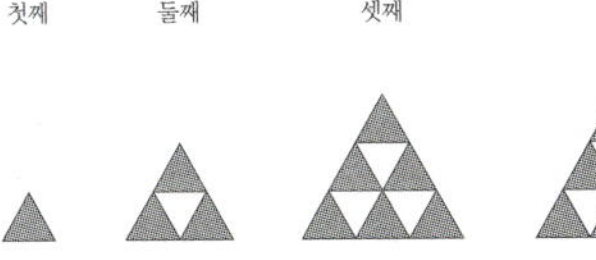

❶ ▲과 △의 수를 세어 표를 완성해 보세요.

순서	첫째	둘째	셋째	넷째
▲의 수(개)	1	3	**6**	**10**
△의 수(개)	0	**1**	**3**	**6**
차(개)	1	**2**	**3**	**4**

❷ ▲과 △의 수의 차에서 규칙을 찾아보세요.

(예) **차는 1개부터 시작하여 1개씩 늘어납니다.**

❸ 여섯째에 알맞은 모양에서 ▲은 △보다 몇 개 더 많은지 구해 보세요.

(**6개**)

✿ ■째에 알맞은 모양에서 ▲은 △보다 ■개 더 많습니다.
➡ 여섯째에 알맞은 모양에서 ▲은 △보다 6개 더 많습니다.

2 단계 교과 사고력 확장

정답과 풀이 p.22

1 파스칼의 삼각형에서 수 배열의 규칙을 찾아보세요.

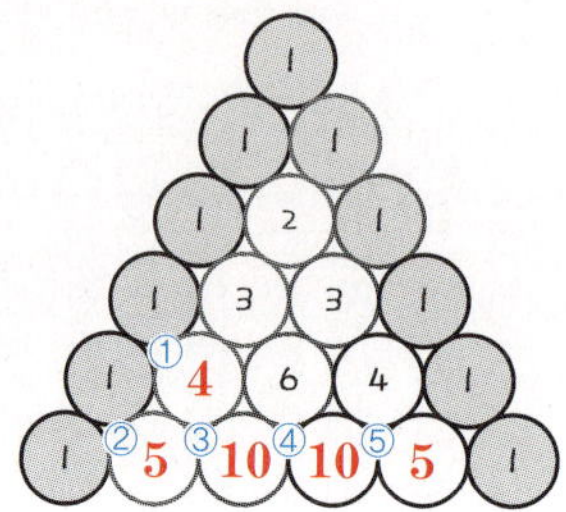

1 규칙을 찾아 빈 곳에 알맞은 수를 써넣으세요.

✤ 삼각형의 양쪽 끝 칸의 수는 모두 1이고, 바로 위의 왼쪽 칸의 수와 오른쪽 칸의 수의 합을 아래에 쓰는 규칙입니다.

① $1+3=4$ ② $1+4=5$ ③ $4+6=10$ ④ $6+4=10$ ⑤ $4+1=5$

2 ◯ 안에 있는 수의 합을 구해 보세요.

(**15**)

✤ $1+2+3+4+5=15$

3 ◯ 안에 있는 수의 규칙을 찾아 ☐ 안에 알맞은 수를 써넣으세요.

1에서 시작하여 ╱ 방향으로 **2**, **3**, **4**씩 더 커집니다.

✤ 1 　 3 　 6 　 10이므로 1에서 시작하여 ╱ 방향으로 2, 3, 4씩 더 커집니다.
　 $+2$ 　 $+3$ 　 $+4$

88 · Run - C 4-1

2 삼각형, 사각형, 오각형 등의 도형 모양을 이루는 점의 수를 도형수라고 합니다. 다음과 같이 사각형 모양을 이루는 점의 수를 사각수라고 합니다. 점으로 만든 사각형의 배열을 보고 일곱째에 알맞은 사각형의 점의 수를 구해 보세요.

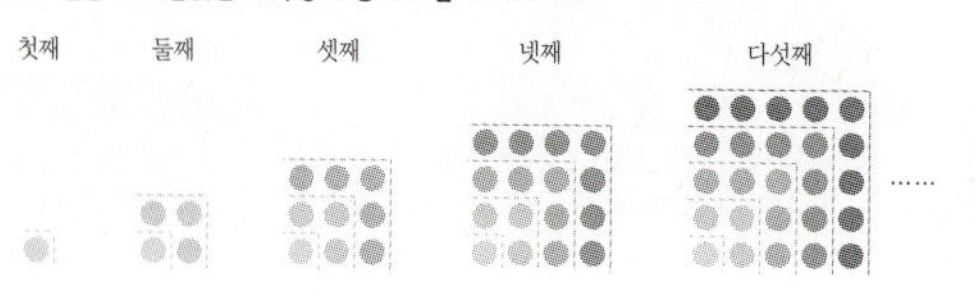

4주 사고력

1 점의 수를 세어 표를 완성해 보세요.

순서	첫째	둘째	셋째	넷째	다섯째
점의 수(개)	**1**	**4**	**9**	**16**	**25**

$1+3+5+7+9$

$1+3$ 　 $1+3+5$ 　 $1+3+5+7$

2 점의 수의 규칙을 찾아 ☐ 안에 알맞은 수를 써넣으세요.

점의 수가 1개에서 시작하여 **3**개, **5**개, **7**개, **9**개……씩 더 늘어납니다.

3 일곱째에 알맞은 사각형의 점의 수는 몇 개인지 구해 보세요.

(**49개**)

✤ 일곱째에 알맞은 사각형의 점의 수는 다섯째보다 $11+13=24$(개) 더 많은 $25+24=49$(개)입니다.

6. 규칙 찾기 · 89

2 단계 교과 사고력 확장

정답과 풀이 p.22

3 유정이와 민현이는 독일의 수학자 콜라츠의 우박수 계산 규칙에 대해 알아보았습니다. 우박수 계산 규칙에 따라 빈칸을 채워 보세요.

콜라츠의 우박수 계산 규칙

① 자연수를 하나 고릅니다.
② 고른 수가 짝수이면 2로 나누고, 홀수이면 3을 곱한 다음 1을 더합니다.
③ ②의 과정을 반복하면 그 결과는 항상 1이 됩니다.

예 $3 \xrightarrow{\times 3+1} 10 \xrightarrow{\div 2} 5 \xrightarrow{\times 3+1} 16 \xrightarrow{\div 2} 8 \xrightarrow{\div 2} 4 \xrightarrow{\div 2} 2 \xrightarrow{\div 2} 1$

유정

38	→	19	→	58	→	29	→	88
→	44	→	**22**	→	11	→	34	→
17	→	**52**	→	**26**	→	13	→	40
→	20	→	10	→	**5**	→	**16**	→
8	→	**4**	→	2	→	1		

✤ 44는 짝수이므로 $44 \div 2 = 22$입니다.　17은 홀수이므로 $17 \times 3 = 51$, $51+1=52$입니다.
52는 짝수이므로 $52 \div 2 = 26$입니다.　10은 짝수이므로 $10 \div 2 = 5$입니다.
5는 홀수이므로 $5 \times 3 = 15$, $15+1=16$입니다.　8은 짝수이므로 $8 \div 2 = 4$입니다.

민현

42	→	**21**	→	**64**	→	**32**	→	**16**
→	**8**	→	**4**	→	**2**	→	**1**	

✤ $42 \xrightarrow{\div 2} 21 \xrightarrow{\times 3+1} 64 \xrightarrow{\div 2} 32 \xrightarrow{\div 2} 16 \xrightarrow{\div 2} 8 \xrightarrow{\div 2} 4 \xrightarrow{\div 2} 2 \xrightarrow{\div 2} 1$

90 · Run - C 4-1

4 색종이를 계속해서 반으로 접었다 펼치면 다음과 같습니다. 규칙을 찾아보고 색종이를 여섯 번 접었다 펼쳤을 때 나누어지는 사각형의 수는 몇 개인지 구해 보세요.

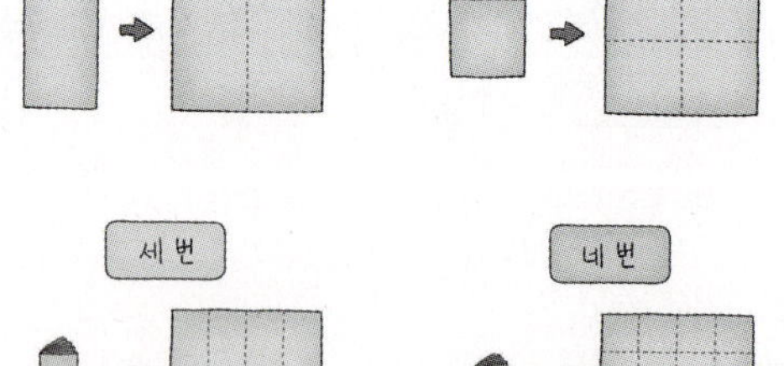

4주 사고력

1 색종이를 접었다 펼쳤을 때 나누어지는 사각형의 수를 세어 표를 완성해 보세요.

접은 횟수	한 번	두 번	세 번	네 번
나누어지는 사각형의 수(개)	2	**4**	**8**	**16**

2 색종이를 여섯 번 접었다 펼쳤을 때 나누어지는 사각형의 수는 몇 개인지 구해 보세요.

(**64개**)

✤ 한 번 접었을 때 나누어지는 사각형의 수가 2개에서 시작하여 한 번씩 더 접을 때마다 2배로 늘어나는 규칙입니다. 네 번 접었을 때 나누어지는 사각형의 수가 16개이므로 다섯 번 접었을 때는 $16 \times 2 = 32$(개), 여섯 번 접었을 때는 $32 \times 2 = 64$(개)입니다.

6. 규칙 찾기 · 91

③ 단계 교과 사고력 완성

정답과 풀이 p.23

평가 영역 □개념 이해력 ☑개념 응용력 □창의력 □문제 해결력

1 수 배열에서 보기 와 같이 규칙적인 계산식을 만들어 주어진 25개의 수의 합을 구해 보세요.

보기

2	3	4	5	6
7	8	9	10	11
12	13	14	15	16
17	18	19	20	21
22	23	24	25	26

15	16	17	18	19
21	22	23	24	25
27	28	29	30	31
33	34	35	36	37
39	40	41	42	43

$14 \times 25 = 350$

$\boxed{29} \times \boxed{25} = \boxed{725}$

❖ 주어진 25개의 수의 합은 가운데 수의 25배와 같습니다.

평가 영역 □개념 이해력 □개념 응용력 □창의력 ☑문제 해결력

2 곱셈식에서 규칙을 찾아 12345678 × 9를 구해 보세요.

$$12 \times 9 = 108$$
$$123 \times 9 = 1107$$
$$1234 \times 9 = 11106$$
$$12345 \times 9 = 111105$$
$$\vdots$$

곱셈식에서 변하는 부분과 변하지 않는 부분을 찾아보세요.

(111111102)

❖ 곱해지는 수가 12, 123, 1234……로 자릿수가 1개씩 늘어나면서 1만큼 더 큰 수가 오른쪽 끝에 늘어나면 계산 결과는 자릿수가 1개씩 늘어나면서 왼쪽 끝에 1이 1개씩 더 늘어나고 일의 자리 숫자가 1씩 작아집니다.

➜ $123456 \times 9 = 1111104$,
$1234567 \times 9 = 11111103$,
$12345678 \times 9 = 111111102$

평가 영역 □개념 이해력 □개념 응용력 ☑창의력 □문제 해결력

3 다음과 같은 규칙으로 수가 적혀 있습니다. 1행 3열의 수를 (1, 3)=9라고 나타낼 때 (5, 6)을 구해 보세요.

	1열	2열	3열	4열	
1행	1	5	9	13	
2행	4	8	12	16	……
3행	7	11	15	19	
4행	10	14	18	22	

(33)

→, ↓, ↘ 방향의 수의 규칙을 알아보세요.

❖ 세로의 규칙: 같은 열에서 행의 수가 1행, 2행, 3행……으로 1씩 커질 때마다 $1-4-7-10$, $5-8-11-14$와 같이 앞 행에 있는 수보다 3씩 커집니다.
가로의 규칙: 같은 행에서 열의 수가 1열, 2열, 3열……로 1씩 커질 때마다 $1-5-9-13$, $4-8-12-16$……과 같이 앞 열에 있는 수보다 4씩 커집니다.
↘ 방향의 규칙: $1-8-15-22$ ➜ 1부터 시작하여 7씩 커집니다.
따라서 (5, 5)=22+7=29이므로 (5, 6)=29+4=33입니다.

평가 영역 □개념 이해력 □개념 응용력 □창의력 ☑문제 해결력

4 다음과 같은 규칙으로 삼각형 모양의 종이를 자르고 있습니다. 일곱째에 알맞은 모양에서 삼각형 조각의 수는 모두 몇 개인지 구해 보세요.

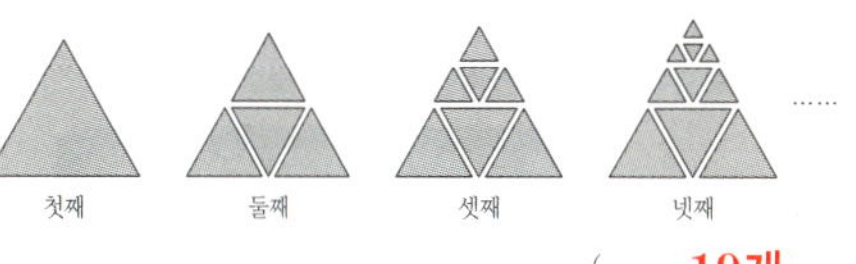

첫째　　둘째　　셋째　　넷째

($19개$)

순서	첫째	둘째	셋째	넷째
삼각형 조각의 수(개)	1	4	7	10

$+3$　$+3$　$+3$

삼각형 조각의 수가 1개에서 시작하여 3개씩 늘어납니다.
따라서 일곱째에 알맞은 모양에서 삼각형 조각의 수는 모두 $10+3+3+3=19$(개)입니다.

92 · Run-C 4-1

6. 규칙 찾기 · 93

Test 종합평가　　6. 규칙 찾기

맞은 개수

정답과 풀이 p.23

1 수 배열표를 보고 ㉠과 ㉡에 알맞은 수를 각각 구해 보세요.

111	113	115	117	119
211	213	㉠	217	219
311	313	315	317	㉡
411	413	415	417	419

㉠ (215)
㉡ (319)

❖ · 가로(→)는 오른쪽으로 2씩 커집니다.
· 세로(↓)는 아래쪽으로 100씩 커집니다.
따라서 ㉠=215, ㉡=319입니다.

2 식을 보고 옳으면 ○표, 옳지 않으면 ×표 하세요.

(1) $10+5=15-5$ ($\times$)　(2) $30+10=20+20$ ($\bigcirc$)
(3) $20+5=30-5$ ($\bigcirc$)　(4) $30-15=15$ ($\bigcirc$)

❖ (1) $10+5=15$, $15-5=10$ ($\times$)
(2) $30+10=40$, $20+20=40$ ($\bigcirc$)
(3) $20+5=25$, $30-5=25$ ($\bigcirc$)
(4) $30-15=15$ ($\bigcirc$)

3 다음과 같은 규칙으로 바둑돌을 놓았습니다. 다섯째에 알맞은 모양에서 바둑돌의 수를 구해 보세요.

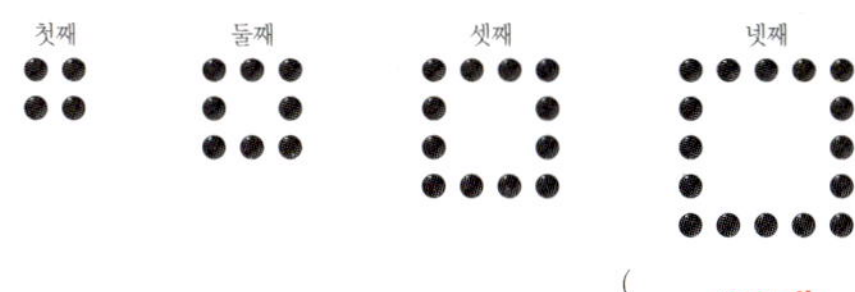

첫째　　둘째　　셋째　　넷째

($20개$)

❖ 바둑돌의 수는 4개, 8개, 12개, 16개……로 4개씩 늘어나므로 다섯째에 알맞은 모양에서 바둑돌의 수는 $16+4=20$(개)입니다.

94 · Run-C 4-1

[4·6] 수 배열표를 보고 물음에 답하세요.

1002	1003	1004	1005	1006
2002	2003	2004	2005	★
3002	3003	3004	3005	3006
4002	4003	4004	4005	4006
5002	5003	5004	5005	5006

4 □로 표시된 칸에서 규칙을 찾아보세요.

1003부터 시작하여 아래쪽으로 1000씩 커집니다.

5 위의 수 배열표에서 1002부터 시작하여 1001씩 커지는 규칙적인 수의 배열을 찾아 색칠해 보세요.

❖ $1002 - 2003 - 3004 - 4005 - 5006$
$+1001$　$+1001$　$+1001$　$+1001$
따라서 1002부터 시작하여 ↘ 방향에 있는 칸을 모두 색칠합니다.

6 ★에 알맞은 수를 구해 보세요.

(2006)

❖ 가로(→)로 2002부터 시작하여 오른쪽으로 1씩 커지므로 ★=2005+1=2006입니다.

7 규칙적인 수의 배열에서 ■, ▲에 알맞은 수를 각각 구해 보세요.

24150	25150	■	27150	28150
	38150	▲	40150	41150

■ (26150)
▲ (39150)

❖ 가로(→)는 오른쪽으로 1000씩 커집니다.
세로(↓)는 아래쪽으로 12000씩 커집니다.
따라서 ■에 알맞은 수는 25150보다 1000만큼 더 큰 수인 26150이고, ▲에 알맞은 수는 27150보다 12000만큼 더 큰 수인 39150입니다.

6. 규칙 찾기 · 95

난이도 별점
쉬움 ★
보통 ★★★
어려움 ★★★★★
최상위 ★★★★★★★

서술형, 문장제, 사고력 등
문제해결력을
기르는 문제집이
필요하다면?

응용·심화 단계로
들어가기 전,
다양한 유형을
연습하고 싶다면?

**HME
수학학력평가**를
준비하고
싶다면?

교과서 진도에 맞춰
개념을 다지면서,
여러 유형의 문제로
기본을 다지고 싶다면?

닥터유형
★★★☆

수학도 독해가 힘이다
★★★★

수학의 힘
알파(실력) ★★★☆
베타(유형) ★★★★☆
감마(심화) ★★★★★★

HME 수학학력평가
★★★★★